A. コルモゴロフ, I. ジュルベンコ, A. プロホロフ 共著

コルモゴロフの
確率論入門

丸山　哲郎・馬場　良和 共訳

森北出版株式会社

А.Н.КОЛМОГОРОВ,
И.Г.ЖУРБЕНКО,
А.В.ПРОХОРОВ

ВВЕДЕНИЕ В ТЕОРИЮ ВЕРОЯТНОСТЕЙ

VVEDENIE V TEORIYU VEROIATNOSTEI
KOLMOGOROV A.N., ZHURBENKO I.G., PROKHOROV A.V. copyright©1995
『確率論入門』第2版, ナウカ社（モスクワ）, 1995
A. コルモゴロフ, I. ジュルベンコ, A. プロホロフ

Japanese traslation rigths arranged with Russian Auther's Society through Japan UNI Agency, Inc., Tokyo.

本書のサポート情報などをホームページに掲載する場合があります．下記のアドレスにアクセスしご確認ください．
http://www.morikita.co.jp/support

■本書を無断で複写複製（電子化を含む）することは，著作権法上での例外を除き，禁じられています．複写される場合は，そのつど事前に（社）出版者著作権管理機構（電話 03-3513-6969，FAX 03-3513-6979，e-mail:info@jcopy.or.jp）の許諾を得てください．また本書を代行業者等の第三者に依頼してスキャンやデジタル化することは，たとえ個人や家庭内での利用であっても一切認められておりません．

第2版序文

この『クヴァント双書』中の1冊の第2版のまえがきを書くにさいし，私たちは，偶然の数学に関心をもっている読者が，この本のなかで，物理的な偶然現象のわかりやすい説明と，確率論についての最初の厳密な知識を見いだしてくれることを期待している．この本では確率論は，簡単な組合せの計算，公理および基礎概念を使って説明されているが，より複雑な確率モデルや諸定理も述べられていて，それによって重要な解析的方法が理解できる．

初版を出版してから時がたち，この間にアンドレイ・ニコラエヴィチ・コルモゴロフは1987年10月20日に亡くなった．84歳であった．コルモゴロフはこの本の出版の提案者であり，彼の弟子である私たちは，この本を，偉大な学者であり教師であった彼に追悼としてささげたい．

アンドレイ・ニコラエヴィチ・コルモゴロフは現代数学の発展に基本的影響を与えた．彼は物理学，生物学，歴史学，言語学ほかのさまざまな学問領域に関心をもっていた．

すでに学生時代にポトィリヒンスカヤ実験モデル校で数学と物理学を教えたことに始まって，コルモゴロフは生涯にわたって，学校数学への関心を抱きつづけた．20年以上にわたって彼は，いま彼の名のついているモスクワ大学付属物理・数学寄宿学校で献身的に夏季数学学校の世話をし，雑誌『クヴァント(КВАНТ)』[*1]の出版にたずさわり，また数学の教科書を作成し，学校における数学教育のプログラムと方法を研究した．コルモゴロフはカリキュラムにないテーマで学校のサークルを熱心に指導した．そのなかに確率論や組合せ理論が入っていた．これらの活動の成果は雑誌『学校における数学(Математика в Школе)』[*2]に，一連の論文として発表された．

[*1] (訳注) ロシアで中高生を対象に出版されている数学・物理の雑誌．
[*2] (訳注) ロシアで数学教師向けに出版されている雑誌．

モスクワ大学では力学・数学学部において，伝統的に，コルモゴロフと彼の弟子たちが下級学年の学生に対して，確率論のセミナーを指導した．それは将来，数学を専門的に学ぶための入門として役立つものであった．このサークルやセミナーの経験にもとづいて『クヴァント双書』のなかのこの本の初版が出版された．

　コルモゴロフは晩年，重い病気にもかかわらず，この本の第2版の出版の準備に専念した．第2版のあらゆる変更は，彼の参加によっておこなわれた．コルモゴロフの考えでは，叙述の面白さとわかりやすさは，十分な論理的厳密さと結びついていることが必要であった．教師としてのコルモゴロフのスタイルは，第1章に見事に現れている．それはすべて彼自身が書いたもので，ここではまさに面白い物理的実例が平易な計算と結びついていて，背後にある理論の深い事実を読みとることができる．

　アンドレイ・ニコラエヴィチ・コルモゴロフの記憶は，現在および将来の世代に対して，彼の著作のなかに生きている．この小冊子は，すぐれた研究者であり，教師であったコルモゴロフの遺産のほんのひとかけらである．

I.G. ジュルベンコ，A.V. プロホロフ

初版序文

　この本は，初等的レベルで確率論の基本概念を知り，最近数十年間に急速に発展した確率論とその応用について，いくらかの知識を得たいと望んでいる読者を対象にして書かれた．科学と技術のさまざまな分野への確率論の方法の広範な普及によって，長いあいだ解決の糸口が見つからなかった多くの自然科学の諸問題が解決されるようになった．この本は，確率論のすべての応用を述べようと意図しているものではない．初等的水準では，そのようなことは一般には不可能だ．もう一方では，簡単な実際場面への確率論の興味ある応用例を引用することも，この本の主な目的の一つである．そのような例として，ブラウン運動の基本的法則が十分詳細に吟味され，出生・死滅過程の検討がおこなわれ，さらに他のいくらかの例も引用されている．そこで述べられている諸結果は，もちろん読者を確率論へ導く手段にすぎないが，それにもかかわらず，それによって読者が最新の自然科学の諸問題に親密感を抱くことができるだろう．

　この本の基礎になっているのは，最近の15年間に著者らが，モスクワ大学およびモスクワ大学付属物理・数学学校で再三にわたっておこなった講義とセミナーの材料である．

　基本理論は，多くの実例と演習問題をつねにセットにして述べてある．これらの演習問題のうち，いくつかは解くのに努力を必要とするが，他の簡単なものは答えだけ示してある．

　この本は，数学とその応用に興味をもっている中等教育の上級クラスの生徒ならば理解できるだろう．またこの本は，確率論を自分の専攻領域に応用しようとしている，さまざまな分野の大学下級生にも有益だと思う．

　視野をさらに広げようとしている読者のために，つぎの本を推薦しておく．[*1]

[*1] (訳注) 以下は原著にあげられているロシア語の書物であるが，便宜上書名を日本語に訳し，さらに邦訳のあるものは括弧中に記した．

J. ベルヌーイ：大数の法則，ナウカ出版 (モスクワ)，1986.
  (『数学史の周辺』，武隈良一著，森北出版，1974, のなかに翻訳がある．)
E. ボレル：確率と確実性 (仏語からの訳)，ナウカ出版，1969.
  (『確率と確実性』弥永昌吉，高橋礼司訳，文庫クセジュ，白水社，1952．)
M. フレマン，T. ヴァルガ：遊びとゲームの確率 (仏語からの訳)，モスクワ，1979.
B. グネジェンコ，A. ヒンチン：確率論入門，ナウカ出版，1976.
  (『確率論入門』渋谷政昭，渡辺毅訳，みすず書房，1956．)
F. モステラー，R. ラーク，J. トーマス：確率 (英語からの訳)，ミール出版 (モスクワ)，1969.
A. レニー：数学についての3部作 (ハンガリー語からの訳)，ミール出版，1980.
  (『数学についての3つの対話』，好田順治訳，講談社ブルーバックス，1975．)
W. フェラー：確率論への入門とその応用 I (英語からの訳)，ミール出版，1967.
  (『確率論とその応用』上下，河田龍夫他訳，紀伊国屋書店，1961．)

A. N. コルモゴロフ，I. G. ジュルベンコ，A. V. プロホロフ

目　次

第1章　確率概念への組合せ論からのアプローチ　　1
1.1　順　列 1
1.2　確　率 3
1.3　同程度に確からしい場合 4
1.4　ブラウン運動と平面上のランダム・ウォーク 6
1.5　直線上のランダム・ウォーク，パスカルの三角形 12
1.6　ニュートンの2項定理 17
1.7　組合せと2項係数 18
1.8　2項係数を階乗で表す式，およびその確率計算への応用 ... 19
1.9　スターリングの公式と2項係数への応用 20

第2章　確率と頻度　　25

第3章　確率の基本的諸定理　　32
3.1　確率の定義 32
3.2　事象に対する演算，確率の性質，加法定理 34
3.3　組合せ論の基礎 43
3.4　条件つき確率，事象の独立性，確率の乗法定理 50

第4章　ベルヌーイ試行列，極限定理　　63
4.1　独立試行列，ベルヌーイの公式 63
4.2　大数の法則 (ベルヌーイの定理) 69
4.3　ポアソンの定理 75
4.4　直線上のランダム・ウォークの確率に対する近似式 78
4.5　ド・モアブル－ラプラスの定理 84

第5章　対称なランダム・ウォーク　　91
5.1　ランダム・ウォークについて 91

目次

- 5.2 組合せ論による基礎づけ 93
- 5.3 原点への粒子の復帰の問題 98
- 5.4 原点へ復帰する回数の問題 103
- 5.5 逆正弦法則 108
- 5.6 2次元,3次元の対称なランダム・ウォーク 115

第6章 確率変数,確率分布 — 120
- 6.1 確率変数の概念 120
- 6.2 確率変数の期待値 125
- 6.3 確率変数の分散 131
- 6.4 大数の法則 (チェビシェフの定理) 135
- 6.5 母関数 139

第7章 ベルヌーイ試行列,ランダム・ウォークと統計的推論 — 143
- 7.1 ベルヌーイ試行 143
- 7.2 ベルヌーイ試行に対応する1次元ランダム・ウォーク 145
- 7.3 破産問題 150
- 7.4 統計的推論 155

第8章 出生・死滅過程 — 165
- 8.1 問題の一般的設定 165
- 8.2 z_n の母関数 167
- 8.3 確率変数 z_n の期待値と分散 168
- 8.4 死滅の確率 168
- 8.5 z_n の漸近的振る舞い 173

おわりに — 178

演習問題解答 — 181

訳者あとがき — 194

索引 — 196

第1章
確率概念への組合せ論からのアプローチ

1.1 順　列

二つの文字 A, B は，つぎの 2 通りの異なった並べ方ができる：

$$AB, \quad BA$$

三つの文字 A, B, C は，順序も考えると，つぎの 6 通りの並べ方ができる：

$$ABC, \quad ACB$$
$$BAC, \quad BCA$$
$$CAB, \quad CBA$$

四つの文字の場合には，順序も考えると，並べ方はつぎの 24 通りになる：

$$ABCD, \quad ABDC, \quad BACD, \quad BADC$$
$$ACBD, \quad ACDB, \quad BCAD, \quad BCDA$$
$$ADBC, \quad ADCB, \quad BDAC, \quad BDCA$$
$$CABD, \quad CADB, \quad DABC, \quad DACB$$
$$CBAD, \quad CBDA, \quad DBAC, \quad DBCA$$
$$CDAB, \quad CDBA, \quad DCAB, \quad DCBA$$

10 個の文字は，順序を考えると，並べ方は何通りあるだろうか？ この場合には，すべての並べ方を列挙することは，かなり難しい．この問題に答えるた

めには，むしろ，順序を考慮に入れた n 文字の並べ方の数を，即座に計算できる一般的な規則や式を，先に求めるほうがよい．この並べ方の数を記号 $n!$ で表し，「n の**階乗**」と呼ぶ．$n = 2, 3, 4$ のとき

$$2! = 2, \quad 3! = 6, \quad 4! = 24.$$

となることは，すでにわかっている．いくつかの文字を順序を考慮して並べたものを，これらの文字の**順列**という．文字のかわりに，数字とか他の任意のものをもってきてもよいことは明らかだ．4 個のものの順列の数は $4! = 24$ に等しい．一般に n 個のものの順列の数は，$n!$ である（ここで

$$1! = 1,$$

と考えてよいことに注意しよう．一つのものは他のものと「入れ替える」ことはできないけれども，一つのものから，それが最初の位置にくるような，一つだけの並べ方ができる）．

$$\begin{aligned} 1! &= 1, \\ 2! &= 1 \cdot 2 &= 2, \\ 3! &= 1 \cdot 2 \cdot 3 &= 6, \\ 4! &= 1 \cdot 2 \cdot 3 \cdot 4 &= 24, \end{aligned}$$

となることは，上の例からわかる．ここで，

$$n! = 1 \cdot 2 \cdot 3 \cdots \cdot n \tag{1.1}$$

という命題を考えよう．この命題の正しいことを証明するために，n 個のものの順列において，最初の位置には，n 個のもののどれが来てもよいことに注意しよう．こうして得られる n 通りのおのおのにおいて，残りの $n-1$ 個のものは，$(n-1)!$ 通りの並べ方がある．それゆえ，n 個のものの並べ方は $(n-1)! \, n$ 通りあることになる．すなわち，

$$n! = (n-1)! \, n. \tag{1.2}$$

式 (1.2) を使うと，つぎの結果がつぎつぎに得られる：

$$\begin{aligned} 2! &= 1! \cdot 2 = & 1 \cdot 2, \\ 3! &= 2! \cdot 3 = & 1 \cdot 2 \cdot 3, \\ 4! &= 3! \cdot 4 = & 1 \cdot 2 \cdot 3 \cdot 4, \\ 5! &= 4! \cdot 5 = & 1 \cdot 2 \cdot 3 \cdot 4 \cdot 5 &= 120 \ \text{etc.} \end{aligned}$$

数学的帰納法の原理を知っている人は，式 (1.2) から式 (1.1) を導くには，この原理を利用し，厳密な形式的考察をおこなえばよいことがわかる．

式 (1.1) を使えば，10 文字の順列の数は容易に求めることができる：
$$10! = 1 \cdot 2 \cdot 3 \cdot 4 \cdot 5 \cdot 6 \cdot 7 \cdot 8 \cdot 9 \cdot 10 = 3628800.$$

1.2 確　率

アルファベットの文字 C, C, E, E, I, N, S の 1 字ずつを書いた 7 枚のカードを袋に入れ，そこから無作為に 1 枚ずつ取り出して，取り出した順に並べる．その結果 SCIENCE という単語が得られたとしよう．

どう考えても，これは驚くべきことであって，もしかすると，私たちは故意に目論まれた手品を見ているのではないだろうか？　もし，それが手品だとしたら，そのように結論できる根拠は何だろうか？　そこで，文字を書いたカードに，つぎのように番号をつける：

$$\begin{array}{ccccccc} 1 & 2 & 3 & 4 & 5 & 6 & 7 \\ C & C & E & E & I & N & S \end{array}$$

これらは，
$$7! = 5040$$
通りの仕方で，1 列に並べることができる．この 5040 通りのうち，SCIENCE という単語ができるのは，つぎの 4 通りである：

$$\begin{array}{cccccc} 7 & 1 & 5 & 3 & 6 & 2 & 4 \\ S & C & I & E & N & C & E \end{array} \qquad \begin{array}{cccccc} 7 & 1 & 5 & 4 & 6 & 2 & 3 \\ S & C & I & E & N & C & E \end{array}$$

$$\begin{array}{cccccc} 7 & 2 & 5 & 3 & 6 & 1 & 4 \\ S & C & I & E & N & C & E \end{array} \qquad \begin{array}{cccccc} 7 & 2 & 5 & 4 & 6 & 1 & 3 \\ S & C & I & E & N & C & E \end{array}$$

つまり，全部の場合の数 (5040 通り) のうち，私たちの考えている事象 (取り出した文字の配列が SCIENCE という単語になる) が起こるのは，4 通りだけである．このようなとき，その事象の起こりうる場合の数の，全体の場合の数

に対する比を，その事象の**確率**という．この例では，SCIENCE という単語が現れる確率は，

$$\frac{4}{5040} = \frac{1}{1260}$$

である．

この確率は非常に小さい．したがって私たちの考えている事象は，「ほとんど起こらない」．あとで私たちは，この確率の値は，つぎのような実際的意味をもっていることを知るだろう：上で述べた文字の実験を何回もおこなうと，およそ 1260 回に 1 回は，私たちの考えている事象が起こる (SCIENCE という単語ができる)．

4 文字 A, A, M, M について同様の実験をおこなうとき，MAMA という単語が偶然できる確率は

$$\frac{4}{4!} = \frac{1}{6}$$

という結果になる．

同様にして他の五つの「単語」のいずれも，同じ確率 1/6 で生ずる：

AAMM, AMAM, AMMA, MAAM, MMAA

こうして，この 4 文字の実験をおこなうと，上に述べた 6 通りの結果は，それぞれ，およそ 6 回に 1 回の割合で現れることになる．

1.3 同程度に確からしい場合

サイコロは立方体で，その六つの面には，それぞれ 1 個, 2 個, ..., 6 個の点が刻まれている．2 個のサイコロを投げると，目の数の和は，2 から 12 までのどれかになる．そのとき，11 通りの場合が起こりうるので，それらのおのおのの起こる確率は 1/11 であると考えてもよさそうだ．だが，それは間違っている．たとえば，和が 7 になる場合は，12 になる場合より，もっと頻繁に起こることが実験からわかる．それは，和が 12 になるのは，

$$6 + 6 = 12$$

の場合だけなのに，7 になる場合はつぎの 6 通りもあることからも理解できる：
$$1+6 = 2+5 = 3+4 = 4+3 = 5+2 = 6+1$$
この 6 通りの場合において，最初に書いてあるのは，1 番目のサイコロの目の数であり，あとに書いてあるのが，2 番目のサイコロの目の数である．したがって，1 + 6 と 6 + 1 は，ともに和が 7 になるが，それぞれ異なる場合である．

ここで確率を計算するためには，つぎの 36 通りの場合を考えなければならない．そのいずれもが，最初のサイコロを投げて得られる目の数と，2 番目のサイコロを投げて得られる目の数を表している：

$$
\begin{array}{cccccc}
1,1 & 1,2 & 1,3 & 1,4 & 1,5 & 1,6 \\
2,1 & 2,2 & 2,3 & 2,4 & 2,5 & 2,6 \\
3,1 & 3,2 & 3,3 & 3,4 & 3,5 & 3,6 \\
4,1 & 4,2 & 4,3 & 4,4 & 4,5 & 4,6 \\
5,1 & 5,2 & 5,3 & 5,4 & 5,5 & 5,6 \\
6,1 & 6,2 & 6,3 & 6,4 & 6,5 & 6,6 \\
\end{array}
$$

この 36 通りの場合は，同程度に確からしいとして計算するのが当然である．均質な材料で作られた偏りのないサイコロは，適切な投げ方 (たとえば，筒に入れて振ってから投げる) をすると，この 36 通りの場合は，実験を何回も反復するとき，ほぼ同じ頻度で起こることが，実験によって示される．

二つのサイコロの目の和に対しては，つぎの結果が得られる (各自に確かめてほしい)：

目 の 和	2	3	4	5	6	7	8	9	10	11	12
起こりうる場合の数	1	2	3	4	5	6	5	4	3	2	1
確 率	$\frac{1}{36}$	$\frac{1}{18}$	$\frac{1}{12}$	$\frac{1}{9}$	$\frac{5}{36}$	$\frac{1}{6}$	$\frac{5}{36}$	$\frac{1}{9}$	$\frac{1}{12}$	$\frac{1}{18}$	$\frac{1}{36}$

ここで確率を正確に定義しよう：

> 同程度に起こりうる全体の場合の数に対する，ある事柄の起こりうる場合の数の比を，その事柄の起こる確率という．

同程度に起こりうる場合とはどんな場合なのか，という問題に対しては，数学は答えを与えない．サイコロを投げるとき，六つの面の出方はいずれも同程度に確からしいと考えられる．そのほか，二つのサイコロの目のいろいろな組合せを同程度に確からしいと考えるのも，当然である．

ある試行のすべての起こりうる結果を，互いに排反している，同程度に確からしい場合に分割することは，かなり慎重におこなわなければならない．確率の「古典的定義」と現在呼ばれているもののかわりに，しばしば別な定義—「統計的定義」に頼ることがある．しかし，確率論を学習するとき，最初のうちは「古典的定義」がかなりの信頼のもとで使われているのは賢明なことである．そこには純粋数学の立場からみてなんらの「あいまいさ」もない．それについて詳しいことは，第2章で述べる．

1.4
ブラウン運動と平面上のランダム・ウォーク

確率の計算は，ちょっと面白い問題を解いたり，サイコロやトランプにかんする問題を解いたりするときにだけ，本領を発揮しているわけでは絶対にない．ガスの運動理論，液体中に溶けて浮遊している粒子の拡散理論は，とりわけ確率論によって基礎づけられている．

確率論は，個々の粒子の無秩序で雑然とした運動が，全体としてみると，なぜ，明確で簡単な法則性をもつ運動になるのか，ということを解明する．

個々の粒子の無秩序な運動と，それらの全体がしたがう運動の法則性とのあいだの，ある種の相互関係を，初めて実験的に研究したのは，植物学者 R. ブラウンである．それは 1827 年のことで，彼の発見した現象は，彼の名にちなんで**ブラウン運動**と呼ばれている．

ブラウンは顕微鏡を使って，水に浮かんでいる花粉を観察した．水に浮かんでいる花粉の粒子は，絶えず無秩序な運動をしていて，外部からいろいろな作用を与えても (たとえば水の温度をいろいろに変える，など)，どうしてもこの運動を停止させることができないことを知ってブラウンは驚いた．やがて，こ

の運動は液体中に浮遊している，すべての十分に細かい粒子の一般的性質であることが明らかになった．その運動の速さは，液体の温度と粘性，そして粒子の大きさだけに依存している (温度が高くなるほど，また粘性が少なくなるほど，そして粒子が細かくなるほど，運動は速くなる)．個々の粒子は，隣の粒子とは無関係に，その粒子特有の軌道を動きまわり，したがって，初めは互いに近くにいる粒子どうしが，急速に遠ざかることもあれば，時にはふたたび近寄ることもある．

　一つの粒子のつぎつぎに変わる位置を，図1では30秒間隔で点で示し，それらを線で結んである (水中の草雌黄 (ガンポージ) の粒子．J. ペランの実験結果による)．実際には，粒子の軌道はもっともつれている．図2では，最初は互いに非常に近くにいた3個の粒子が，それぞれ異なった軌道に沿って動いていることを示してある．

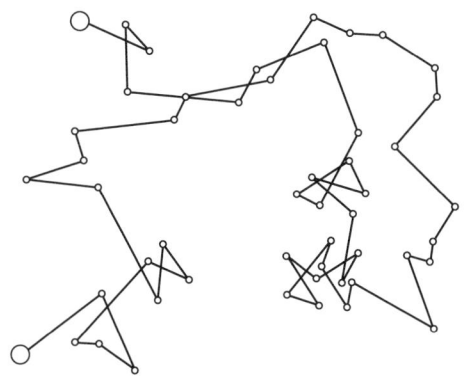

図1　ガンポージの粒子の30秒間隔の動き

　沢山の粒子のおこなうブラウン運動は，ガラス板の上の薄い水の層に1滴のインクを落としたときに観察することができる．個々のインクの粒子の軌道は，ちょっと見ただけではわからない．インクのしみは，丸い形をしたまま少しずつ広がっていき，その色合いは中心ほど濃く，端へ行くほど薄くなる．図3に，ブラウン運動している多数の粒子が，十字で示した始点から，その近傍へ広がっていく様子を描いてある．

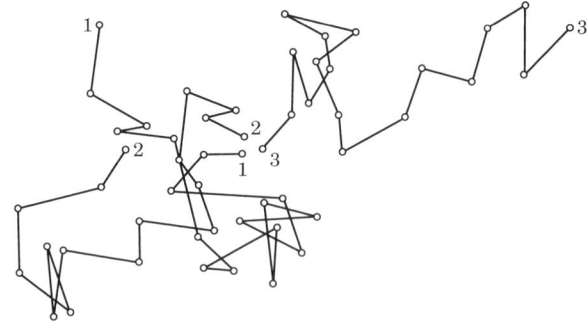

図 2　運動の三つの軌道

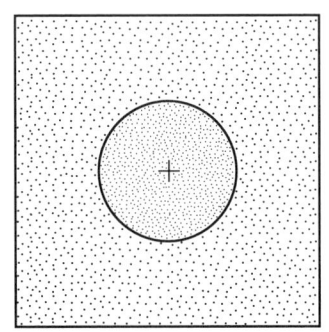

図 3　原点を出発して，しばらくたった後の粒子の位置．半径 $d = k\sqrt{t}$.

　始点を中心とする円の半径を d とし，t 時間後に，始点から広がって行く粒子の半分が，この円内にあるとする (図 3)．観察の結果，この半径は近似的に，時間 t の平方根に比例して増加することがわかっている．すなわち，半径 d は近似的に法則

$$d = k\sqrt{t} \qquad (1.3)$$

にしたがって変化する (k は定数)．この法則は，確率論によって説明することができる．その説明は，この本の程度を超えているが，半径 d は時間に比例 (始点から一定の速さで，方向を変えずに出発したとすればそうなる) せず，時間がたつにつれて，はるかにゆっくりと増加するのである．

1.4 ブラウン運動と平面上のランダム・ウォーク

粒子のブラウン運動の基本的特徴は，正方形に区切った平面上でランダム・ウォークする粒子という簡単なモデルによって観察することができる．複雑な現象を研究するときや重要な科学研究においては，このような簡単なモデルが使われている．

一つの粒子が，最初の正方形から，隣接する四つの正方形のうちの一つに移って行くと考えよう．それが 8 歩であったとすると，その道は，たとえば，図 4 に示す形をとることができる．

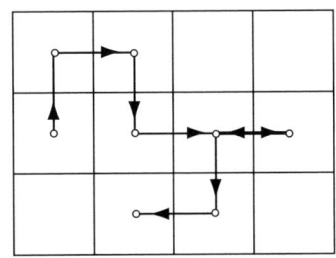

図 4　平面上の粒子のランダム・ウォーク

最初の位置 (図 5a) から粒子は，隣接する四つの正方形の一つに移ることができる．その行き方はそれぞれただ 1 通りである (図 5b)．粒子は 2 歩では，最初の位置に 4 通りの仕方で移ることができる (つまり，四つの隣接する正方形の一つに，それぞれ 1 通りの仕方で移って，元へ戻る)．さらに粒子は，それぞれ 2 通りの方法で四つの正方形に移ることができ，また四つの正方形にそれぞれ 1 通りの方法で移ることができる (図 5c)．最初の 2 歩で，粒子は全部で 16 通りの異なった方法で進むことができる[*1]．

図 5d は 3 歩のときの同様な計算結果を示している．この場合の異なった道の数は

$$4 + 4\cdot 9 + 8\cdot 3 = 64$$

である．図 5e と図 5f はそれぞれ 4 歩，5 歩ののちに，さまざまな正方形に移る道の数を示している．異なった道の数は，歩数 t とともに増加し，4^t によって求められることが容易にわかる：

[*1] (訳注) 10 ページ図 5 のうす黒いマス目に，隣接する 4 個の白いマス目の数字の合計を記入すると，この部分の説明がわかりやすくなる．白いマス目を通ってうす黒いマス目に移るので．

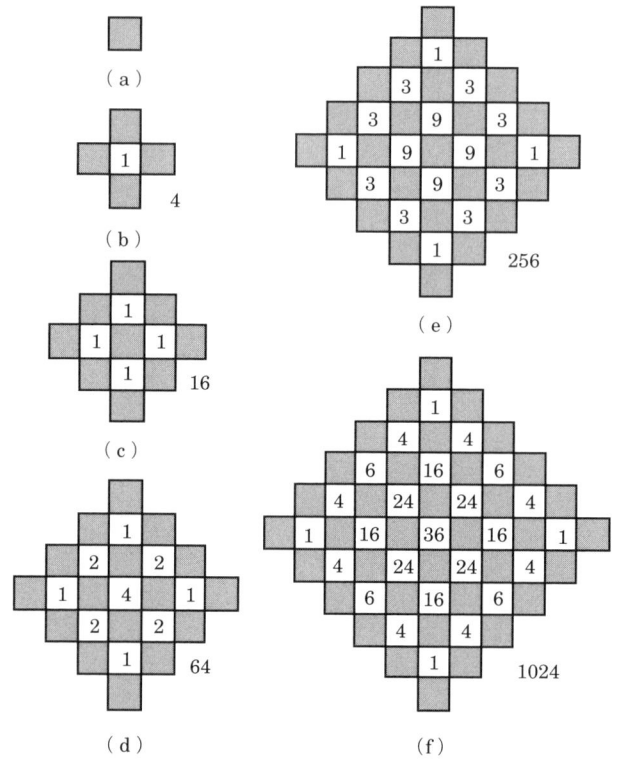

図 5 平面上のランダム・ウォークにおける，さまざまな時間での道の数

歩 数	0	1	2	3	4	5
道の数	1	4	16	64	256	1024

粒子はいつも正方形の中心にいると考えると，t 歩進んだとき，最初の位置からの距離は th 以下である．ここで h は，正方形の 1 辺の長さである．距離が th に等しくなるためには，粒子は直線状に動かなければならない．$t = 5$ のとき，そうなるのは，1024 通りのうちの 4 通りだけである．大部分の場合，粒子は，最初の位置から非常に近い距離のところにいる．たとえば，$t = 5$ のときは，最初の位置からの距離が h の位置にいる場合が 400 通り（約 40 %），

$$\sqrt{5}h = 2.236\ldots h$$

の位置にいる場合が 400 通りで，残りの 20％弱の場合には，粒子はもっと遠くまで行っている．

ここで，任意の t の値に対し，すべての道が等しい可能性をもっていると仮定しよう．すると図 5 に記入されている数値を 4^t で割った値は，t 歩進んだとき，粒子が対応する正方形に入っている確率である．始点からの距離を r とすると，$t = 2$ のとき，つぎの結果が得られる ($h = 1$ とする)：

r^2	0	2	4
r	0	$\sqrt{2}$	2
場合の数	4	8	4
確率	$\frac{1}{4}$	$\frac{1}{2}$	$\frac{1}{4}$

また $t = 5$ のときは，つぎの結果になる：

r^2	1	5	9	13	17	25
r	1	$\sqrt{5}$	3	$\sqrt{13}$	$\sqrt{17}$	5
場合の数	400	400	100	80	40	4
確率	$\frac{400}{1024}$	$\frac{400}{1024}$	$\frac{100}{1024}$	$\frac{80}{1024}$	$\frac{40}{1024}$	$\frac{4}{1024}$

距離の 2 乗の平均値を計算すると，つぎの興味ある結果が得られる (平均値を表すのに，r^2 の上に線をつけてある)：

$$t = 2 \text{ のとき } \quad \overline{r^2} = \frac{8 \cdot 2 + 4 \cdot 4}{16} = 2$$
$$t = 5 \text{ のとき } \quad \overline{r^2} \qquad\qquad = 5.$$

任意の t の値に対して，$\overline{r^2} = t$ となることを示すことができる．2 乗の平均値の平方根[*1] (統計学では平均平方と呼んでいる) は $\sqrt{t}$ に等しい．

以上で問題の吟味を終えよう．ただ図 5f は図 3 に非常に類似していることに注意しよう．上述のランダム・ウォークのモデルは，個々の粒子が互いに「独立に」動き回るとすると，観測結果と非常によく合致している (「独立に」の正確な意味は，あとで述べる．4.1 節 を参照)．

[*1] (訳注) 標準偏差と同じだが，ここでは著者の表現にしたがう．

1.5
直線上のランダム・ウォーク，パスカルの三角形

　もう少し簡単な直線上のランダム・ウォークを考えよう．最初に粒子は直線 L 上の座標原点にいて，つぎの 1 歩で，上か下へ距離 h だけ動くとする (図 6)．2 番目の 1 歩も同じことを繰り返す．この動きを続けて，粒子は 1 歩ごとに上か下へ距離 h だけ動く．n 歩動いた後の粒子の位置を決めるために，横軸 (図 6 の t 軸) を考え，その上に歩数を記入しよう．1 歩ごとの粒子の変位を符号で表し，各歩数に対する粒子の位置の座標を求め，つぎつぎに変動する粒子の位置を線分で結ぶ．図 6 に粒子のランダム・ウォークの 1 例をグラフで示してある．

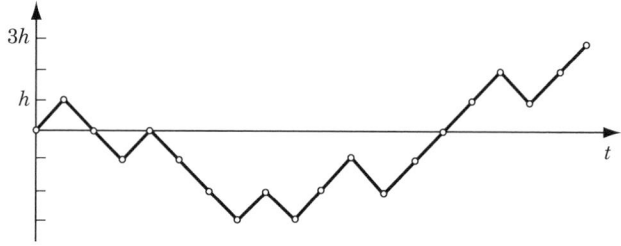

図 6　直線上のランダム・ウォークの時間経過

　粒子が t 歩進むとき，起こりうる変位の数は，全体で

$$2^t = \underbrace{2 \cdot 2 \cdot \cdots \cdot 2}_{t}$$

であることは容易にわかる．1 歩ごとに 2 通りの可能性があるからである．図 7 に，直線 L 上のいくつかの場所に到達する場合の数をまとめて表示してある (たとえば，座標原点に 2 歩，4 歩，6 歩で戻る場合の数は，それぞれ 2, 6, 20 である)．

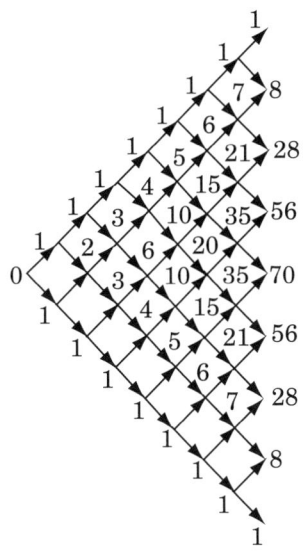

図7 ランダム・ウォークの軌道数の計算

図8 ゴールトン盤

　このような型のランダム・ウォークは，特殊な装置で実現することができる．それは有名なイギリスの心理学者であり，人類学者であった F. ゴールトン (1822–1911) にちなんで，**ゴールトン盤**と呼ばれている．その簡単な装置の構造を，図8に示してある．金属球を一番上の穴に入れる．球は最初の障害物 (尖った先端) に当たると，右か左か，どちらかの道を選ばなければならない．つぎの2番目の段階でも，その球は二つの障害物のどちらかに当たり，そこで同じ選択がおこなわれる．この過程はつぎつぎと続き，最後の t 番目の障害物に当たり，そこで同じ選択がおこなわれたあと，球はもっとも下の段のどれかの部屋に入る．球のたどる道の選び方は，どんなに綿密に工夫をこらしても，まったく偶然に決まる．つまり 2^t 通りの道は，いずれも等しい可能性をもっている．この装置につぎつぎに多数の球を入れると，最下段のそれぞれの部屋に入る球の数は，確率によって予想した数にほぼ等しくなる (図8では，$t=5$ の場合を示してある)．

　偶然性の物理的メカニズムを示す装置の話からはなれて，ここで，各部屋へ

の球の分配を数学的に考察してみよう．

図7のランダム・ウォークの図式に記入されている数を，つぎのように表にまとめてみる：

$n \setminus m$	0	1	2	3	4	5	6	7	8	合計
0	1									1
1	1	1								2
2	1	2	1							4
3	1	3	3	1						8
4	1	4	6	4	1					16
5	1	5	10	10	5	1				32
6	1	6	15	20	15	6	1			64
7	1	7	21	35	35	21	7	1		128
8	1	8	28	56	70	56	28	8	1	256

外側の縦の列と横の行に書かれている数字 0, 1, 2, 3, 4, 5, 6, 7, 8 は，それぞれの行と列の番号を表している (0 も含めている)．右側に各行の数の和が示してある．

この表の数字の作られる仕組みは明らかだ．すなわち，それぞれの位置に書かれている数値は，上の行ですぐ上にある数値とその左にある数値との和である．たとえば，

$$56 = 21 + 35.$$

$m = 0$ に対する縦の列と対角線上とに 1 が並んでいることには，別の説明が必要である．また，別なやり方として，表が左右に限りなく広がると考えることもできるが，そこには 0 が並ぶことになる．

前述の数値の計算は，つぎのような基本的規則にしたがっていて，それは第1行から始めて，例外なしに適用できる．

表の中の第 m 列と第 n 行の交差するところにある数を $_nC_m$ と書くことにすると，表の数値を計算する規則は，式

$$_nC_m = {}_{n-1}C_{m-1} + {}_{n-1}C_m \tag{1.4}$$

で表すことができる．第 0 行の数については，特別に定める必要がある．すなわち，

$$_0C_m = \begin{cases} 1, & m = 0 \text{ のとき} \\ 0, & \text{それ以外の } m \text{ のとき}. \end{cases}$$

この表 (空白箇所には,すべて 0 が入る) は,**パスカルの三角形**と呼ばれている.第 n 列の数 $_nC_m$ ($m = 0, 1, 2, \ldots, n$) の和が 2^n に等しいことは,容易にわかる. n の値が 4 から 15 までの範囲での $_nC_m$ の値を,下の表に載せてある.

$m \setminus n$	4	5	6	7	8	9	10	11	12	13	14	15
0	1	1	1	1	1	1	1	1	1	1	1	1
1	4	5	6	7	8	9	10	11	12	13	14	15
2	6	10	15	21	28	36	45	55	66	78	91	105
3	4	10	20	35	56	84	120	165	220	286	364	455
4	1	5	15	35	70	126	210	330	495	715	1001	1365
5		1	6	21	56	126	252	462	792	1287	2002	3003
6			1	7	28	84	210	462	924	1716	3003	5005
7				1	8	36	120	330	792	1716	3432	6435
8					1	9	45	165	495	1287	3003	6435
9						1	10	55	220	715	2002	5005
10							1	11	66	286	1001	3003
11								1	12	78	364	1365
12									1	13	91	455
13										1	14	105
14											1	15
15												1

直線上のランダム・ウォークの問題に戻ることにし,今度は別な視点から考えてみよう.粒子は直線上を動き,毎秒 1 歩 (1 歩の距離 h) だけ右へ動くか,またはその場所にとどまるとする. n 秒後,粒子が右へ動いた距離は n 歩を越えることはない.粒子の通るすべての道が同じ可能性をもつとすると, n 秒後には何歩移動していることがもっとも確からしいだろうか? n の値が大きいとき,この移動距離が 0 歩と n 歩になるのは非常に希であり,例外的な場合であることは明らかである.

いままでの説明を復習すると,最初の n 秒でちょうど m 歩右へ移動する仕方は,この場合, $_nC_m$ 通りだけあることは,容易に理解できる. n の値が与えられたときすべてのランダム・ウォークの仕方は等しい可能性をもっているの

で，n 秒後に m 歩だけ移動している確率は

$$P_n(m) = \frac{{}_nC_m}{2^n} \tag{1.5}$$

に等しい．図 9 に，$n = 1, 2, 4, 8, 16, 32$ のとき，m の値とともに変化する確率 $P_n(m)$ を棒グラフで示してある．確率 $P_n(m)$ の値を示す縦軸の目盛りは，どのグラフでも同じにしてあるが，横軸の目盛りは，n の値とともに少しずつ小さくなるように選んであり，確率が最大になる移動距離が，どの場合も同じ長さになるようにしてある．

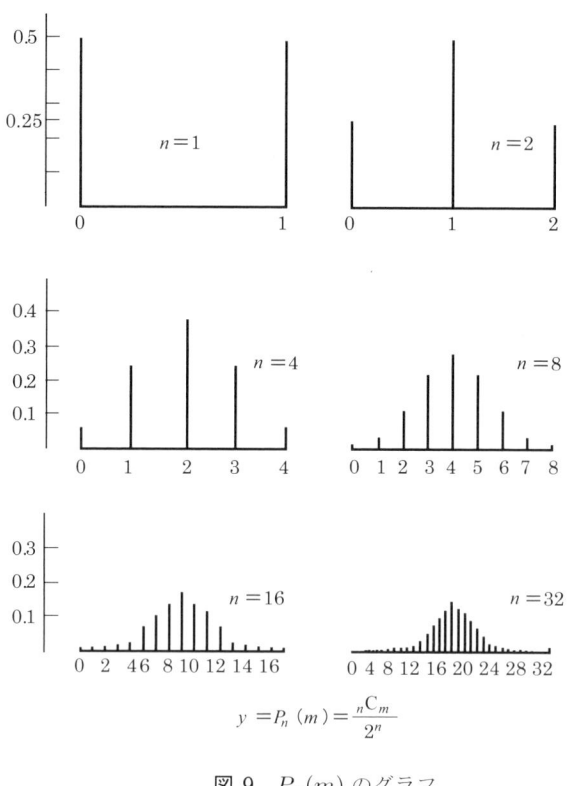

図 9　$P_n(m)$ のグラフ

n 秒後の粒子の移動距離の平均値 $\bar{x}$ は，どのグラフにおいても，もっとも大きい確率をもっていて，

$$\overline{x} = \frac{1}{2}n$$

となることがわかる．この平均値からの偏差が大きい粒子の移動は，n の値が増加するとともに，ますます出現しにくくなる．移動距離の平均値からの**平均平方偏差**[*1] (すなわち，偏差の2乗の平均値の平方根) は，この問題では

$$\frac{1}{2}\sqrt{n}$$

に等しいことを証明できる (1.4節の平面上のランダム・ウォークの場合の結論とくらべよ！)．たとえば，10000秒後の粒子の平均移動距離は5000歩であるが，この平均値からの平均平方偏差は50歩に過ぎない．これは確率論の基礎の一つである大数の法則に関係する問題である．この問題は第4章でとりあげることにしよう．

1.6 ニュートンの2項定理

数 $_nC_m$ は**2項係数**と呼ばれている．それはふつう代数学で利用されているが，そこでは確率論ともランダム・ウォークの問題とも関係がない．生徒諸君の知っている式は

$$\begin{aligned}(a+b)^0 &= 1, \\ (a+b)^1 &= a+b, \\ (a+b)^2 &= a^2 + 2ab + b^2, \\ (a+b)^3 &= a^3 + 3a^2b + 3ab^2 + b^3\end{aligned}$$

であるが，これらの式の係数は，パスカルの三角形を構成している数と同じである．

さらに，

$$(a+b)^4 = (a+b)^3(a+b)$$

を計算しよう．そこで，$(a+b)^3$ の展開式

[*1] (訳注) 標準偏差のこと．

$$a^3 + 3a^2b + 3ab^2 + b^3$$

に a, b をかけ，その結果を加えると，つぎの式が得られる：

$$
\begin{array}{cccccc}
a^4 & + & 3a^3b & + & 3a^2b^2 & + & ab^3 \\
+ & & a^3b & + & 3a^2b^2 & + & 3ab^3 & + & b^4 \\
\hline
a^4 & + & 4a^3b & + & 6a^2b^2 & + & 4ab^3 & + & b^4
\end{array}
$$

ここで得られた式の係数は，パスカルの三角形をつくるのと同じ規則によって得られることがわかる (15 ページの表を参照).

ここで，恒等式

$$(a+b)^n = a^n + {}_nC_1 a^{n-1}b + \cdots + {}_nC_m a^{n-m}b^m + \cdots + b^n \quad (1.6)$$

が成り立つことを仮定しよう．式 (1.6) は**ニュートンの2項式**と呼ばれていて，数学的帰納法を使えば，厳密に証明することができる．

式 (1.6) を使っての確率論の問題の考察は，4.1 節でおこなう．

1.7
組合せと2項係数

n 個の要素の集合から m 個からなる部分集合を選ぶ方法の数を，n 個から m 個を選ぶ**組合せ**の数という．たとえば，4 個の文字

A, B, C, D

の集合から，2 個の文字からなる部分集合は，6 個選ぶことができる：

{A,B}, {A,C}, {A,D}, {B,C}, {B,D}, {C,D}.

n 個から m 個を選ぶ組合せの数は，パスカルの三角形をつくっている2項係数 ${}_nC_m$ に等しいことは，明らかである．

このことは，1.5 節のランダム・ウォークについての最後の問題を考えると，容易に理解できる．たとえば，粒子が4秒間に右に2歩移動する仕方を数えるためには，4秒間中の2秒間を選ぶすべての仕方を調べればよい．それはつぎの6通りである：

	1	2	3	4
1	+	+		
2	+		+	
3	+			+
4		+	+	
5		+		+
6			+	+

数学的帰納法を知っていれば，等式 (1.5) を使って，このことを一般的に証明することができる．

1.8
2 項係数を階乗で表す式，およびその確率計算への応用

この注目すべき式は

$$_nC_m = \frac{n!}{m!\,(n-m)!} \tag{1.7}$$

という形のものである．これは数学的帰納法を使っても証明できるが，ここでは別の直接の証明をしよう．

n 個の要素から m 個の要素を選んだとき，それらに数

$$1, 2, 3, \ldots, m$$

を対応させると，この m 個の要素は $m!$ 通りの方法で番号づけができる．残りの $n-m$ 個の要素には数

$$m+1, m+2, \ldots, n$$

によって $(n-m)!$ 通りの方法で番号がつけられる．こうして n 個の要素の集合全体に数

$$1, 2, \ldots, n$$

によって

$$m!\,(n-m)!$$

通りの方法で番号づけができる．しかし，n 個の要素から m 個を選ぶ方法は $_nC_m$ 通りである．したがって n 個の要素からなる集合全体に番号をつける方法は

$$_nC_m\, m!\, (n-m)!$$

通りだけあることになる．一方，n 個の要素からなるこの集合に，一度に番号づけする方法は $n!$ 通りあるから

$$_nC_m\, m!\, (n-m)! = n!.$$

ゆえに，

$$_nC_m = \frac{n!}{m!\,(n-m)!}.$$

証明終り．

式 (1.7) が $n=0$ と $m=0$ のときに成り立つためには

$$0! = 1$$

と約束しておかなければならない．

n, m の値が大きいとき，式 (1.7) を計算するためには，階乗の対数の表を使うとよい（次ページ参照）．

たとえば，1.5 節の問題で，100 秒間で 50 歩移動する確率を計算してみよう．この確率 $P_{100}(50)$ は

$$P_{100}(50) = \frac{{}_{100}C_{50}}{2^{100}} = \frac{100!}{2^{100}(50!)^2}$$

に等しい．対数を使って計算すると，簡単に求めることができる：

$\log 100! = 157.9700$，また，$\log 2 = 0.301030$ から $\log 2^{100} = 30.1030$．そして，$\log 50! = 64.4831$ から $\log (50!)^2 = 128.9662$．これらから，

$\log P_{100}(50) = \overline{2}.9008 (= 0.9008 - 2)$，ゆえに $P_{100}(50) = 0.0796$．

階乗の対数表

n	$\log n!$	n	$\log n!$	n	$\log n!$	n	$\log n!$
1	0.0000	26	26.6056	51	66.1906	76	111.2754
2	0.3010	27	28.0370	52	67.9066	77	113.1619
3	0.7782	28	29.4841	53	69.6309	78	115.0540
4	1.3802	29	30.9465	54	71.3633	79	116.9516
5	2.0792	30	32.4237	55	73.1037	80	118.8547
6	2.8573	31	33.9150	56	74.8519	81	120.7632
7	3.7024	32	35.4202	57	76.6077	82	122.6770
8	4.6055	33	36.9387	58	78.3712	83	124.5961
9	5.5598	34	38.4702	59	80.1420	84	126.5204
10	6.5598	35	40.0142	60	81.9202	85	128.4498
11	7.6012	36	41.5705	61	83.7055	86	130.3843
12	8.6803	37	43.1387	62	85.4979	87	132.3238
13	9.7943	38	44.7185	63	87.2972	88	134.2683
14	10.9404	39	46.3096	64	89.1034	89	136.2177
15	12.1165	40	47.9116	65	90.9163	90	138.1719
16	13.3206	41	49.5244	66	92.7359	91	140.1310
17	14.5511	42	51.1477	67	94.5619	92	142.0948
18	15.8063	43	52.7811	68	96.3945	93	144.0632
19	17.0851	44	54.4246	69	98.2333	94	146.0364
20	18.3861	45	56.0778	70	100.0784	95	148.0141
21	19.7083	46	57.7406	71	101.9297	96	149.9964
22	21.0508	47	59.4127	72	103.7870	97	151.9831
23	22.4125	48	61.0939	73	105.6503	98	153.9744
24	23.7927	49	62.7841	74	107.5196	99	155.9700
25	25.1906	50	64.4831	75	109.3946	100	157.9700

1.9 スターリングの公式と2項係数への応用

J. スターリングは，$n!$ の自然対数を無限級数

$$\log n! = n\log n - n + \frac{1}{2}\log n + \log\sqrt{2\pi} + \frac{S_1}{n}$$

$$- \frac{S_2}{n^3} + \cdots + (-1)^{m+1}\frac{S_m}{n^{2m-1}} + \cdots \quad (1.8)$$

に展開することを提案した (1730 年)．これを**スターリングの公式**という．ここに現れる数 S_i はきちんと計算することができる．たとえば，

$$S_1 = \frac{1}{12}, \quad S_2 = \frac{1}{360}$$

となる．この級数は発散するが，任意の自然数 m に対し，等式

$$\log n! = n\log n - n + \frac{1}{2}\log n + \log\sqrt{2\pi} + \frac{S_1}{n} - \frac{S_2}{n^3}$$

$$+ \cdots + (-1)^{m+1}\frac{S_m\theta}{n^{2m-1}} \quad (1.9)$$

が成り立つ．ここで，$0 < \theta < 1$ である．われわれに興味があるのは，近似式 (1.9) である．

ここで，記号の説明をしておこう．それは本書の他の箇所においても有効に使われている．関数 $f(n), g(n), h(n)$ に対して

$$f \sim g$$

は，$f/g \to 1 (n \to \infty)$ を意味し，

$$f = g + O(h)$$

は，$|f-g|/h$ が有界[*1]であることを意味している．そこでつぎの式が成り立つ:

$$\log n! \sim n\log n \quad (1.10)$$

[*1] (訳注) すべての h に対し $|f-g| < ch$ なる $c > 0$ が存在すること，つまり $f-g$ の大きさが h と比べて同程度かそれ以下であること．

1.9 スターリングの公式と2項係数への応用

$$\log n! = n \log n - n + O(\log n) \tag{1.11}$$

$$\log n! = n \log n - n + \log \sqrt{2\pi n} + \frac{\theta}{12n}, \quad 0 < \theta < 1 \tag{1.12}$$

$$n! \sim \sqrt{2\pi n}\, n^n e^{-n} \tag{1.13}$$

式 (1.13) は $n!$ の近似式としては粗いものであるが，漸近的表現としてよく使われている．

ここで，式 (1.11) の，グラフによる証明をしよう．その副産物として剰余 $O(\log n)$ を評価する式が得られる．

まず，

$$\log n! = \log 2 + \log 3 + \cdots + \log n$$

であり，$\log x$ は上に凸な関数なので，図 10 からわかるように，$\log n!$ と $\int_1^n \log x\, dx$ との差は正の値であって，縦線で陰影をほどこした三角形の面積の和より小さい．そしてその面積の和は $\frac{1}{2} \log n$ に等しい．一方，

$$\int_1^n \log x\, dx = [x \log x - x]_1^n = n \log n - n + 1$$

だから，不等式

$$n \log n - n + 1 < \log n! < n \log n - n + \frac{1}{2} \log n + 1$$

が成り立つ．

式 (1.12) あるいはそれから導かれる

$$\left(n + \frac{1}{2}\right) \log n - n + \log \sqrt{2\pi} < \log n!$$
$$< \left(n + \frac{1}{2}\right) \log n - n + \log \sqrt{2\pi} + \frac{1}{12n}$$

を用いれば，十分くわしい近似式が得られる．この不等式から 2 項係数 $_nC_m$ に対する，つぎの便利な不等式を容易に導くことができる：

$$A_1\, \varphi(n, m) \leqq \,_nC_m \leqq A_2\, \varphi(n, m). \tag{1.14}$$

ここで，

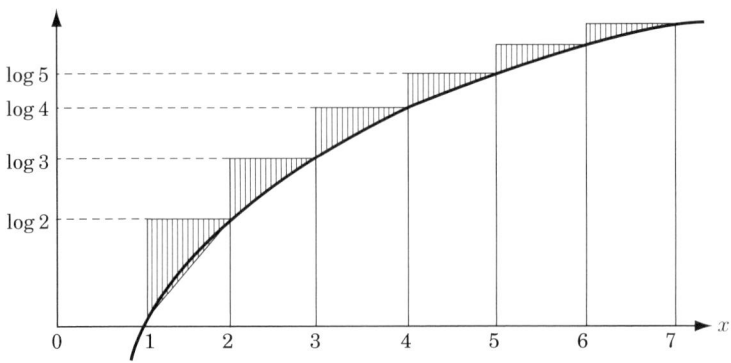

図 10　$\log x$ の積分による計算の図式

$$\varphi(n,m) = \frac{1}{\sqrt{2\pi}} \cdot \frac{n^{n+1/2}}{m^{m+1/2}(n-m)^{n-m+1/2}},$$

$$\log A_1 = -\frac{n}{12m(n-m)}, \quad \log A_2 = \frac{1}{12n}.$$

式 (1.14) を使うと，1.5 節のランダム・ウォークの問題で，$n=100, m=50$ のときの確率の近似値を求めることができる：

$$\log \varphi(100, 50) = 66.78634,$$

$$\log A_1 = -0.00333, \quad \log A_2 = -0.00083, \quad \log 2^{100} = 69.31472$$

だから，

$$0.07952 < P_{100}(50) < 0.07972.$$

階乗の対数表によって，すでに $P_{100}(50) = 0.0796$ (20 ページ) が得られている．

第2章

確率と頻度

　第1章で引用した例での確率の値は，**「古典的」定義**から得られたものである．古典的定義によると，ある事象の確率とは，同程度に確からしいすべての場合の数に対する，この事象の起こる場合の数の比に等しい．そのさい確率の計算は，あれこれの集合の要素を数える (ときにはきわめて難しいこともあるが) ことに帰着し，純粋に組合せ論の問題である．試行がおこなわれる状況の均質性にもとづいて確率を予測できるならば，古典的定義は正当なものであると見なされてきた．試行結果の均質性は，試行のおこなわれる状況の均質性の結果であり，それによって「同程度に確からしい」という考えに導かれる．たとえば，均質な材料で作られた幾何学的に正確なサイコロを振るとき，それが平面上に落下するまでに十分に回転する間があるように投げるならば，そのどの面が出るかは同程度に確からしいとして，結果を計算する．均質性の存在にもとづいて，われわれは，そのような実験の同程度に確からしい結果を数えることができるのである：大きさも重さも同様な黒と白のボールが箱に入っている．それらは触ってみても区別できない．箱の中を十分にかき回し，一つの球を「当てずっぽうに」取り出す．その球の色を記録して，それを元の箱に戻す．再び十分にかき回してから，つぎの球を取り出す．このようにして古典的定義は，「確率」という概念を，たんに「同程度に確からしい」という概念に帰着させてしまう．「同程度に確からしい」ことは，試行の客観的特性であり，試行を実施する条件によって決められるが，それぞれの具体的特性については，ある程度の正確さでしか決めることができない．サイコロ，硬貨，等々が「均質で

ある」という考えは，予想の正しさが実験によって確認されなければ，たんなる錯覚にすぎない．同じ条件下で何回でも繰り返すことができ，結果が偶然に決まる試行の実例はたくさんある．一つ一つの試行結果を吟味しても，なんらかの法則性を見つけることは非常に難しい．しかし同様な試行が沢山行われると，そのなかになんらかの平均にかんする特性値の安定性が存在することがわかる．与えられた n 回の試行において，ある偶然事象 A が m 回起こるとき，比 m/n を，全体の試行回数に対する事象 A の **頻度** という．事象 A の確率が p ならば，ほとんどすべての十分に長い試行において，事象 A はおおよそ p に等しい頻度で生起する．頻度の安定性は，特別な実験によって，再三裏づけられている．実例として硬貨の均質性を調べるデータを検討してみよう．n 回の試行において「表が出る」回数を m とすると，m/n は「表が出る」頻度である．つぎの表は，18 世紀以降，何人かの研究者によって，実験的に得られた結果である：

	n	m/n
ビュフォン	4040	0.507
ド・モルガン	4092	0.5005
ジェボンス	20480	0.5068
ロマノフスキー	80640	0.4923
K. ピアソン	24000	0.5005
フェラー	10000	0.4979

これらのデータは全体として，「表」と「裏」が同程度の確からしさをもつという予想，つまり，硬貨のどちらの面も確率 0.5 で現れるという予想が，実験と一致することを示している．これらのデータと予想とが，このように一致することは，十分に満足すべきことであるが，確率の方法を使う特別な個々の場合に，「表」と「裏」の現れることが同程度に確からしくないことは，十分に起こりうることである．それは，実際の硬貨は完全に均質とはいえない，という事実の現れだろう．それにもかかわらず，絶対的に均質な硬貨という考え方は，非常に役に立つ．というのは，多くの確率の理論の応用において，同程度に確からしい 2 通りの結果を伴うモデルによって，偶然事象を十分正確に記述することができ，硬貨を投げる実験よりも正確でさえあるからである．

このような種類の統計的法則性は，サイコロ遊び，裏表を当てるゲーム，トランプ遊び等の賭けごとの実例のなかで，初めて明らかになった．すなわち，結果が同程度に確からしいという特徴をもつ試行の実例においてであった．そこで，観測結果から確率を数量的に定義する統計的方法に対して道が開かれた．均質性を仮定する理論的判断からでは，確率の値を前もって定めることができないとき，統計的方法はとくに重要である．たとえば，ある射撃手が100回発射して，標的に39回当てたとすると，射撃の条件が変わらなければ，彼が1回の射撃で標的に当てる確率は $39/100 = 0.39$ に近い値だと考えることができるだろう．しかしわれわれは，この確率について前もってなんらの知識ももってないので，射撃の回数を十分に多くすると命中率は安定する，という確信が必要である．

一定の条件のもとでおこなわれる，いくつかの試行の系列において，$n_1, n_2, \ldots, n_s$ を各系列における試行回数とする．各試行において，事象 A は起こるか起きないかのいずれかとし，$m_1, m_2, \ldots, m_s$ を，それぞれの系列において事象 A の起こった回数とする．そのとき，$m_1/n_1, m_2/n_2, \ldots, m_s/n_s$ は，各系列における事象 A の起こる頻度である．$n_1, n_2, \ldots, n_s$ が十分大きいとき，これらの頻度が互いにわずかしか違わず，またある平均値からの差がわずかしかない，という現象が起こる．そのとき，**頻度の統計的安定性**が成り立っているのである．

たとえば，すでに18世紀に，日常の文通において宛名のない手紙が一定の割合を占めていることが指摘されていた．つぎの表のデータは，ロシアの郵便統計によるもので，ある期間，手紙100万通当たり，宛名のない手紙が平均して25～27通あることを物語っている：

年	郵便全体	宛名なし
1906	9,8300,0000	26112
1907	10,7600,0000	26977
1908	12,1400,0000	33515
1909	13,5700,0000	33643
1910	15,0700,0000	40101

1935 年のスェーデンの出生率の資料を引用しよう．H. クラーメルによるもので，n は生まれた子どもの数，m/n は男の子の生まれた比率である：

月	1	2	3	4	5	6	7
n	7280	6957	7883	7884	7892	7609	7585
m/n	0.514	0.510	0.510	0.529	0.522	0.518	0.523

月	8	9	10	11	12	年間
n	7393	7203	6903	6552	7132	88273
m/n	0.514	0.515	0.509	0.518	0.527	0.517

生まれた子どもの数は 1 年のあいだに変化しているにもかかわらず，男の子の生まれる比率は，平均値 0.517 の近くに安定して変動している．この種の統計的法則性は，ずっと以前，すでに 18 世紀に，出生，死亡，事故などの統計的研究といった人口学の資料において，また，たとえばそれを保険などに利用するさいに気づかれていた．もっと後になって，19 世紀から 20 世紀初めになると，物理学，化学，生物学，経済学その他の科学において，統計的法則性が明らかになった．これらのデータを確率論的に分析するさい，確率の値を量的に評価するために素材として使うことができるのは，通常は統計的データだけである．

このような確率と頻度との結びつきに対し，つぎのことを考慮に入れておく必要がある．一定の条件のもとでおこなわれる n 回の試行において，ある事象が m 回だけ起こるとする．そのとき，その事象の起こる頻度は m/n である．この値は通常，確率 p とは少しだけ異なっている．そして試行回数 n が大きくなればなるほど，頻度 m/n と確率 p とのあいだに著しい偏差の生ずることは希になる．すなわち，大きい偏差の生ずる頻度は少なくなる．このことは，頻度と確率とが密接に関係していることを確信させるもので，ベルヌーイの定理の形での大数の法則によって，数学的に証明されている．これについては，第 4 章で述べる．多数回の観察をおこない，その結果にもとづいて，あらかじめ存在を仮定した確率の値の近似値として，頻度を採用する．未知の確率の値を，観測の結果によって評価する方法は，7.4 節で実例を用いて説明する．

確率の定義への 3 番目のアプローチは，**公理的定義**である．それは確率の固

有の性質を列挙することによっておこなわれる．確率のもっとも単純な性質は，つぎのような比率 m/n の性質に対応している：

1) $0 \leqq m/n \leqq 1$

2) 各試行ごとにある事象が起こるならば，つまり，任意の n に対してその事象が確実に起こるならば，$m = n$ であり，$m/n = 1$ である．

3) n 回の試行で，事象 A が m_1 回，事象 B が m_2 回起こり，そして n 回のうち A, B が同時に起こることが 1 回もないならば，A か B のどちらかが起こる事象の頻度 m/n に対して，

$$m/n = m_1/n + m_2/n$$

が成り立つ．

確率の理論を展開するさい，確率の性質は公理の形で定式化される．現在認められている公理的な確率の定義は，1933 年に A. コルモゴロフによって提案されたものである．それによると，確率とは，与えられた実験によって決まるすべての事象の集合の上で定義される数値関数 $P(A)$ で，つぎの公理を満足するものである：

1) $0 \leqq P(A) \leqq 1$,

2) A が確実に起こる事象ならば，$P(A) = 1$,

3) $P(A \cup B) = P(A) + P(B)$．ここで，$A \cup B$ は，事象 A, B のどちらか一方が起こる事象で，そのさい，事象 A, B は同時には起こらないものとする．

これらの公理は，簡単な場合には確かめることができ (詳細は第 3 章参照)，より複雑な場合には，確率の値を決める唯一の方法となる．

しかしながら，公理的定義も，そして古典的定義や統計的定義も，「確率」の概念の本質を完全に決定するものではなくて，それを完全に解明するための一つのアプローチに過ぎない．与えられた条件のもとで，与えられた事象の確率が存在するという予想は，仮説であって，一つ一つの場合に検証され，証拠によって立証されなければならない．たとえば，与えられた大きさの標的に，指定された距離から，一束の中から「でたらめに」とってきた 1 本の矢を放って

命中させる確率について述べることは意味がある．しかしながら，射撃の条件が何もわかっていないならば，一般的に標的に命中させる確率について述べても意味がないだろう．

　古典的方法あるいは統計的方法によって決定された確率の値にもとづいて，確率の規則を使うと，新しい事象の確率を計算することができる．たとえば，硬貨を 1 回投げて表の出る確率が $1/2$ に等しいならば，硬貨を 4 回「独立に」投げて少なくとも 1 回「表」の出る確率は，つぎのように計算できる．4 回投げてまったく「表」の出ない確率は $(1/2)^4$ に等しいし，この事象が起こるのは，2^4 通りの同程度に確からしい結果のなかの 1 通りだけであること (硬貨の均質性) から，この事象の確率を計算することができる．いま考えている二つの事象は互いに排反していて，また互いに一方の事象の余事象になっているので，(性質 2), 3) によって) それらの確率の和は 1 に等しい．それゆえ，求める確率は $1 - (1/2)^4 = 15/16 = 0.9375$ である．4 枚の硬貨を 20160 回投げた実験で，この事象の頻度は 0.9305 であった (1912 年，V. ロマノフスキーの実験) ことを指摘しておこう．確率の計算規則については，第 3 章で詳しく述べる．

　ある事象の確率が非常に 1 に近いという主張は，ある事象の確率が $1/2$ に等しいという主張より，明らかに，はるかに大きい実際上の価値をもっている．このことは，われわれが関心をもち，心をひかれるのは，実際上信頼をおける結論だ，ということによって説明がつく．たとえば均質な硬貨を 10 回投げて，10 回とも「表」が出たり，10 回とも「裏」が出たりすることは，ほとんど起こりそうにない．この事象の確率は $1/2^{10} = 0.00098$ であるからである．しかし，${}_{10}C_5/2^{10} = 252/1024 = 0.24609$ だから，「表」が 5 回出る確率は，前述の事象の確率より 252 倍も多いけれど，この「表が 5 回出る」という主張も，十分な根拠をもっているわけではない．それどころか，「表が 4 回，5 回，あるいは 6 回出る」という主張ですら，誤りであることが十分起こりうる．この事象の確率は

$$\frac{{}_{10}C_4 + {}_{10}C_5 + {}_{10}C_6}{2^{10}} = \frac{672}{1024} = 0.65624$$

に等しいからだ．「表が少なくとも 1 回は出る」という事象に対してなら，もっと信頼のおける予測が可能である．しかし，この事象が起こるといっても，そ

れは実際上はほとんど意味がない．というのは，この事象は，「表がまったく現れない」という，ほとんど起こりそうにない事象の余事象だからである．しかし，試行の回数を増やすと，もっと中身が豊富で信頼できる予測が可能になる．均質な硬貨を 100 回投げて，「表が出る回数は，39 と 61 のあいだである」と主張しても，それほど大きな誤りではない．この事象の確率は

$$\frac{1}{2^{100}} \left(\sum_{m=39}^{61} {}_{100}C_m \right) = 0.97876$$

に等しいからだ．それゆえわれわれは，この事象は実際上信頼してもよいと考えることができる．しかしそれでも，この実験を，たとえば 100 回おこなうならば，平均しておよそ 2 回は，考えている事象とは反対の事象 (余事象) が起こる．余事象の確率が 0.02124 だからである．これと比較のために挙げると，「表の出る回数が 35 と 65 のあいだである」確率は，0.99822 である．

　実際上の信頼性についての問題は，どれくらいの確率なら実際上無視できるか，という問題と密接に結びついている．あとで説明するが，後者の問題は，個々の場合にそれぞれの方法で解決されていて，通常は確率論の枠外の問題である．大部分の場合，0.05 以下の確率は無視されている．もしも実際の問題の条件が，その程度の誤り (すなわち 100 回の試行のうち平均して 5 回以下しか起きない) を許すならば，われわれは確率 0.95 以上で起こる事象を，実際上確実な事象と考えることになる．他のもっとデリケートな問題では，0.001 以下の確率を無視することになっているが，ときには誤りの起こらない確率として，もっと 1 に近い値を要求することもある．この判断は，もしもある事象の確率が非常に小さければ，1 回の試行ではこの事象は起こらない，という実際上の確信にもとづいている．実際上の確実性についての，この種の判断については，第 7 章で例を挙げて述べることにしよう．

第3章
確率の基本的諸定理

3.1
確率の定義

偶然に結果が決まる試行を考える．おのおのの試行ごとに，同程度に確からしい n 通りの結果のうち，どれか1通りだけ起こる可能性があるとする．これらの n 通りの結果を表す事象を $E_1, E_2, \ldots, E_n$ とする．硬貨を投げると2通りの事象のいずれかが起こる：E_1 －「表が出る」，E_2 －「裏が出る」である．サイコロを振ると，1の目，2の目，…，6の目のどれが出るかに応じて，6通りの事象 $E_1, E_2, \ldots, E_6$ のいずれかが起こる．1000 枚の札からなる「くじ」のなかから1枚を引く場合には，1000 通りの結果のうちのどれか1通りだけが起こる．これらの事象は互いに排反していて，その試行の**根元事象**と呼ばれている．

根元事象の任意の集合を**偶然事象**と呼ぶ．たとえば，サイコロを振って「偶数の目が出る」，すなわち「2, 4, 6 のいずれかの目が出る」ことは偶然事象である．まったく同様に，「3の目が出る」も偶然事象である．「$E_1, E_2, \ldots, E_6$ のどれかが起こる」，すなわち，サイコロを振って「どれかの目が出る」も偶然事象である．しかし，この最後にあげた偶然事象は，一つの特別な性質をもっている．それは必ず起こる事象であり，それゆえ**確実な事象**と呼ばれている．

A はある偶然事象であって，起こることが可能な n 通りの根元事象全体のう

ち，m 通りのどれか一つが起こるとき，A が起こるとする．このとき比 m/n, すなわち事象 A の起こる可能性のある根元事象の個数の，全体の根元事象の個数に対する比を，**事象 A の確率**と呼び，$P(A)$ という記号で表す．そうすると
$$P(A) = m/n$$
である．とくに任意の $i\ (1 \leqq i \leqq n)$ に対し
$$P(E_i) = 1/n$$
であり，E_i のどれかが起これば，かならず起こる事象 U(すなわち，すべての可能な結果のどれが起きても，U が起こる) に対しては
$$P(U) = 1$$
である．事象 U は確実な事象である．

[例 1] 1000 本のくじからなる福引きがある．その中の 150 本が当たりである．1000 本の中から勝手に (通常 "無作為に" と言われている)1 本を取り出す．このくじが当たりである確率はどれだけか？

解．この例では，根元事象は $n = 1000$ 通りあり，そのうち当たりは 150 通りである．したがって確率の定義から
$$P(A) = \frac{150}{1000} = \frac{3}{20}.$$

[例 2] ひと山の部品のうち第 I 種は 200 個，第 II 種は 100 個，第 III 種は 50 個である．部品の一つを「当てずっぽうに」，すなわち「無作為に」取り出す．この部品が第 I 種，第 II 種，第 III 種である確率はそれぞれどれだけか？

解．この例では $n = 350$．取り出される部品が第 I 種，第 II 種もしくは第 III 種であるという偶然事象を，それぞれ A, B, C で表す．容易にわかるように
$$P(A) = \frac{200}{350} = \frac{4}{7},\ P(B) = \frac{100}{350} = \frac{2}{7},\ P(C) = \frac{50}{350} = \frac{1}{7}.$$

[例 3] サイコロを振って「6 の目が出る」という事象を A,「偶数の目が出る」という事象を B,「3 で割りきれる目が出る」という事象を C とする．事象 A, B, C の起こる確率はそれぞれどれだけか？

解．この例では $n = 6$．事象 A, B, C の起こる場合は，それぞれ 1 通り，3 通り，2 通りである．したがって，

$$P(A) = \frac{1}{6}, \quad P(B) = \frac{3}{6} = \frac{1}{2}, \quad P(C) = \frac{2}{6} = \frac{1}{3}.$$

[例 4] 900 人の生徒のいる学校で，教科の成績は優，良，可，不可の 4 段階でつけられている．60 人の生徒はすべての科目で優の成績をとっており，180 人の生徒は 1 科目だけ良または可の成績をとっているが，それ以外は優をとっている．150 人の生徒は 1 科目も優をとっておらず，20 人の生徒は，1 科目だけ不可の成績をとっているが，それ以外は優であった．この学校の生徒と出会ったとき，彼が全科目とも優である (事象 A) 確率，1 科目以上優の成績である (事象 B) 確率，1 科目だけ優でない成績をとっている (事象 C) 確率はそれぞれどれだけか？

解． この例では $n = 900$．事象 A の確率は簡単に求めることができ，

$$P(A) = \frac{60}{900} = \frac{1}{15}.$$

事象 B が起こるのは，150 人を除いたすべての生徒に対してだから，

$$P(B) = \frac{750}{900} = \frac{5}{6}.$$

事象 C が起こるのは，すべての科目が優，良，可のいずれかで，1 科目だけ優でない 180 人と，1 科目だけ不可だが，それ以外は優の 20 人に対してである．したがって，

$$P(C) = \frac{200}{900} = \frac{2}{9}.$$

3.2
事象に対する演算，確率の性質，加法定理

事象 A と B との**和事象**とは，A と B の少なくとも一方に含まれる根元事象から構成される事象である．A, B の和事象を $A \cup B$ で表す．

サイコロを振るとき，「偶数の目が出る」という事象を A，「3 の倍数の目が出る」という事象を B とする．$A = \{E_2, E_4, E_6\}$, $B = \{E_3, E_6\}$. そして事象 $A \cup B$ は，$A \cup B = \{E_2, E_3, E_4, E_6\}$. 根元事象 E_6 は，A にも B にも入る．$B = E_3 \cup E_6$ と書くこともできる．

3.2 事象に対する演算，確率の性質，加法定理

和事象の概念は，任意個数の事象 $A, B, \ldots, N$ の場合に，自然に拡張することができる：和事象 $A \cup B \cup \ldots \cup N$ とは，$A, B, \ldots, N$ の少なくとも一つにその要素として含まれている根元事象から構成される事象である．たとえば，二つの事象の和事象の説明に使った前記の事象 A は，$A = E_2 \cup E_4 \cup E_6$ の形に書くことができる．

二つの事象 A, B の**積事象**とは，A にも B にも含まれている根元事象から構成され，$A \cap B$ あるいは AB と表される．

上のサイコロの例では，A, B の積事象は，わずか 1 個の根元事象 E_6 だけから構成される．したがって，$AB = E_6$．

積事象の概念も，任意個数の事象 $A, B, \ldots, N$ の場合に拡張することができる．$A, B, \ldots, N$ の積事象は，$A, B, \ldots, N$ のいずれにも要素として含まれている根元事象から構成され，記号 $AB \cdots N$ で表される．

事象 A の**余事象**は，A の要素ではない根元事象の全体から構成され，記号 $\overline{A}$ で表される．

サイコロの例では $\overline{A} = E_1 \cup E_3 \cup E_5$ で，偶数ではない目，すなわち奇数の目が出る事象であり，$\overline{B} = E_1 \cup E_2 \cup E_4 \cup E_5$ は 3 で割りきれない目が出る事象である．

いま定義した諸概念は，幾何学的に説明すると事がらが明瞭になり，また有益でもある．幸いなことに，おのおのの根元事象は平面上の点として表すことができる．ある事象は，それを構成する根元事象に対応するすべての点を枠で囲んで得られる領域に陰影をつけて描写できる．図 11 では $A, B, \overline{A}, \overline{B}, A \cup B, AB$ が描かれている．

この図の例では，根元事象の個数は，全部で 36 個ある．各事象に対応する，陰影をつけた領域内の点の個数を数えることによって

$$P(A) = \frac{9}{36} = \frac{1}{4}, \qquad P(B) = \frac{16}{36} = \frac{4}{9},$$

$$P(\overline{A}) = \frac{27}{36} = \frac{3}{4}, \qquad P(\overline{B}) = \frac{20}{36} = \frac{5}{9},$$

$$P(A \cup B) = \frac{21}{36} = \frac{7}{12}, \qquad P(AB) = \frac{4}{36} = \frac{1}{9}$$

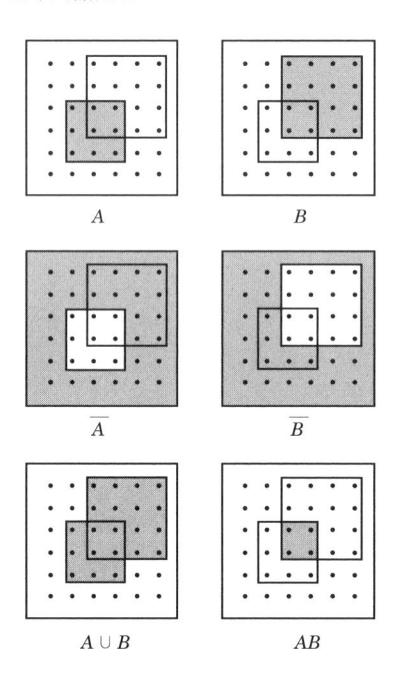

図 11 和事象と積事象の幾何学的説明

となることがわかる．

　A を構成しているすべての根元事象が B に含まれるとき，事象 A は事象 B に**含まれる**という．あるいは，B は A を**含む**，B は A の結果である，ということもある．このとき，$A \subset B$ (あるいは $B \supset A$) という記号で表す．

　$A \subset A \cup B, AB \subset A$ がつねに成り立つことは明らかである (もちろん，$B \subset A \cup B$，$AB \subset B$ となることも明らか)．

　事象に対する演算においては，しばしば括弧が使われる．それは演算の行われる順序を示すためである．たとえば，$(A \cup B)(B \cup C)$ は，最初に A, B の和事象および B, C の和事象を求め，そのあとで，それらの事象の積事象を求めることを示している．

　以上にあげた偶然事象の集合において，積事象と余事象はいつでも求めることができるとは限らないことに注意しよう．実際，A, B が共通の根元事象を含

まないならば，それらの積事象は，上述の意味では存在しない (それは，根元事象を一つも含まないから)．まったく同様に，A が確実な事象ならば，偶然事象の集合において，A の余事象を定義することはできない．このようなことが起こらないようにするために，偶然事象の集合に**不可能な事象** (空事象ともいう) を含める．それは根元事象を一つも含まない集合である．この不可能な事象を記号 ϕ で表す．そうすると，積事象も余事象も，つねに定義することができる．とくに，確実な事象の余事象は $\overline{U} = \phi$ となる．

事象 A, B の積事象が不可能な事象であるとき，つまり $AB = \phi$ のとき，A, B は互いに**排反**であるという．

ここで，確率の主な性質を，つぎの形に述べることができる：

1. それぞれの偶然事象 A に対して，その確率 $P(A)$ が定義され，
   $0 \leqq P(A) \leqq 1$ である．
2. 確実な事象 U に対しては，$P(U) = 1$ である．
3. 事象 A, B が排反であれば，$P(A \cup B) = P(A) + P(B)$．
4. 事象 A の余事象 $\overline{A}$ に対して，$P(\overline{A}) = 1 - P(A)$．
5. 不可能な事象 ϕ に対して，$P(\phi) = 0$．A, B が排反であれば，
   $P(AB) = 0$．
6. 任意の事象 A, B に対して，$P(A \cup B) = P(A) + P(B) - P(AB)$．

性質 1 と 2 は，偶然事象の確率の定義から説明できる．性質 3 は，排反事象に対する確率の**加法定理**と呼ばれているものである．

性質 3 の証明．事象 A, B は，それぞれ m 通り，k 通りの結果から構成されているとする．A, B は互いに排反であると仮定されているので，$A \cup B$ は $m + k$ 通りの結果から構成されている．したがって，定義から

$$P(A \cup B) = \frac{m+k}{n} = \frac{m}{n} + \frac{k}{n} = P(A) + P(B).$$

性質 4 の証明．A は $\overline{A}$ の余事象だから，定義によって，$A \cup \overline{A} = U$ で，A と $\overline{A}$ は互いに排反である．したがって，性質 2 と 3 により，

$$P(A \cup \overline{A}) = 1 = P(A) + P(\overline{A}),$$

$$\therefore \quad P(\overline{A}) = 1 - P(A).$$

性質5の証明. $P(U) = P(U \cup \phi) = P(U) + P(\phi) = 1$ だから，$P(\phi) = 0$．A, B が排反ならば，$AB = \phi$ だから，$P(AB) = P(\phi) = 0$．

性質6の証明. 性質6は一般の場合の確率の加法定理である．この場合，A, B は共通の要素をもっていてもよい．事象 $A \cup B$ を，排反事象 A, C の和事象の形に表して証明する：$A \cup B = A \cup C$．ここで，C は条件 $AC = \phi, C \cup AB = B$ を満足するものである．性質3によって，

$$P(A \cup B) = P(A) + P(C), \quad P(B) = P(C) + P(AB).$$

この二つの式から $P(C)$ を消去すると，

$$P(A \cup B) = P(A) + P(B) - P(AB).$$

性質3は，二つの事象に対する加法定理であったが，これを任意個の事象に対して拡張しよう：事象 $A_1, A_2, \cdots, A_k$ は，どの二つも互いに排反であると仮定する．すなわち，各事象の対 $A_i, A_j \, (i \neq j)$ のすべてに対して $A_i A_j = \phi$ であるとする．そのとき，

$$P(A_1 \cup A_2 \cup \cdots \cup A_{k-1} \cup A_k)$$
$$= P(A_1) + P(A_2) + \cdots + P(A_{k-1}) + P(A_k)$$

が成り立つことを証明しよう．このとき，事象 $A_1 \cup A_2 \cup \cdots \cup A_{k-1}$ と A_k とは互いに排反であって，その和事象は $A_1 \cup A_2 \cup \cdots \cup A_{k-1} \cup A_k$ である．したがって，性質3により，

$$P(A_1 \cup A_2 \cup \cdots \cup A_{k-1} \cup A_k)$$
$$= P(A_1 \cup A_2 \cup \cdots \cup A_{k-1}) + P(A_k).$$

ここで，さらに $A_1 \cup A_2 \cup \cdots \cup A_{k-2}$ と A_{k-1} とは互いに排反であって，その和事象は $A_1 \cup A_2 \cup \cdots \cup A_{k-1}$．したがって，

$$P(A_1 \cup A_2 \cup \cdots \cup A_{k-2} \cup A_{k-1})$$
$$= P(A_1 \cup A_2 \cup \cdots \cup A_{k-2}) + P(A_{k-1}).$$

以上から

$$(A_1 \cup A_2 \cup \cdots \cup A_{k-2} \cup A_{k-1} \cup A_k)$$
$$= P(A_1 \cup A_2 \cup \cdots \cup A_{k-2}) + P(A_{k-1}) + P(A_k).$$

この操作をさらに何回か繰り返すと，一般の加法定理は証明される．

[**例 1**] 映画館のホールには椅子が 9 列あって，順番に $1, 2, \ldots, 9$ の番号がついている．また各列には，椅子が 9 席あって，前から順番に $1, 2, \ldots, 9$ の番号がついている．客が当てずっぽうに椅子に座るとする．列の番号と列の中の席の番号との合計が，偶数になる事象と奇数になる事象とでは，どちらの確率が大きいか？

解． 番号の合計が偶数になるという事象を A とする．A は二つずつ互いに排反している事象 $A_2, A_4, \ldots, A_{18}$ の和事象として表される．ここで A_k は，列番号と席番号との合計が k に等しい事象とする (図 12)．そうすると，確率の加法定理により，

$$P(A) = P(A_2) + P(A_4) + \cdots + P(A_{18})$$

図 12 から直接計算して，つぎの値が得られる：

$$P(A_2) = \frac{1}{81}, \quad P(A_4) = \frac{3}{81}, \quad P(A_6) = \frac{5}{81},$$
$$P(A_8) = \frac{7}{81}, \quad P(A_{10}) = \frac{9}{81}, \quad P(A_{12}) = \frac{7}{81},$$
$$P(A_{14}) = \frac{5}{81}, \quad P(A_{16}) = \frac{3}{81}, \quad P(A_{18}) = \frac{1}{81}.$$

したがって，

$$P(A) = \frac{41}{81}.$$

合計が奇数になる事象は，A の余事象だから

$$P(\overline{A}) = 1 - P(A) = \frac{40}{81}.$$

したがって，$P(A) > P(\overline{A})$．

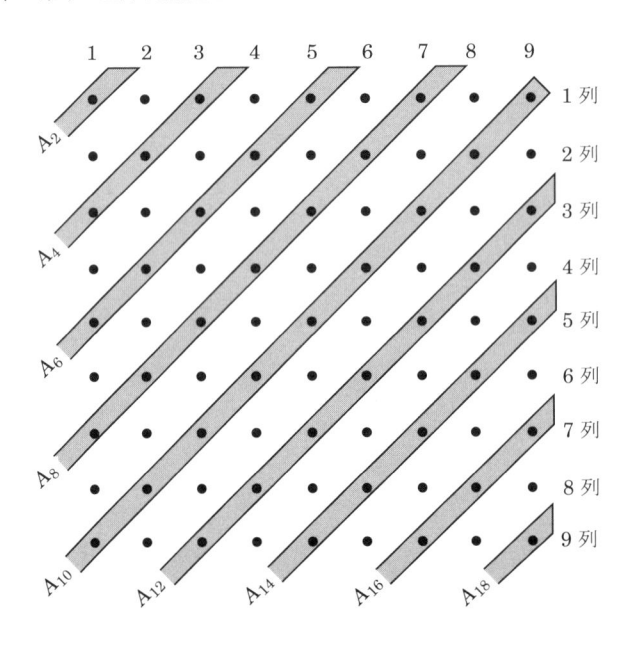

図 12 映画館の問題の説明

[例 2] 三つの型の電気回路があって，それぞれ 4 個のスイッチをもっている (図 13). 各スイッチの on, off の確率は，すべて 0.5 である．点 P から点 Q まで電流の通る確率が最大となるのは，どの型の回路か？

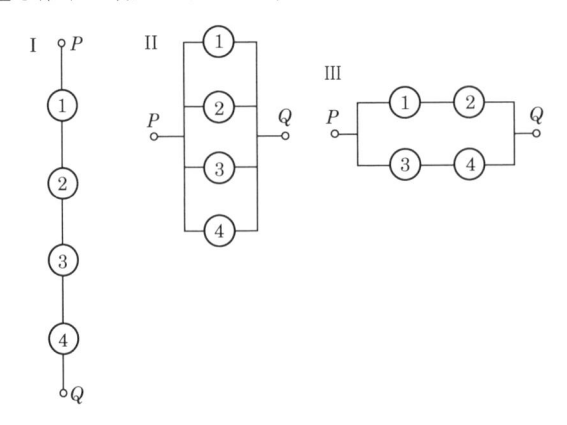

図 13 例 2 の電気回路

解. 以下で，すべてのスイッチの状態を考える．たとえば，第 1 のスイッチが on，第 2 が off，第 3 が on，第 4 が off，等である．スイッチは，どの型の回路でも 4 個あり，そのおのおのが on, off のいずれか一方の状態をとるので，すべての根元事象は $2^4 = 16$ 個だけある．「電流が流れる」という事象を A とする．

I 型の回路に対して $P(A)$ を求めよう．I 型回路で電流が流れるためには，すべてのスイッチが on でなければならない．それが起こるのは，16 通りのうちの 1 通りの場合だけである．したがって，$P(A) = 1/16$．

II 型の回路の場合は，余事象 $\overline{A}$ を考える．$\overline{A}$ は「電流が流れない」事象である．II 型回路で電流が通らないためには，どのスイッチも電流を通さないことが必要である．それは，16 通りのうちの 1 通りだけだから，$P(\overline{A}) = 1/16$．したがって，$P(A) = 1 - P(\overline{A}) = 15/16$．

最後に III 型回路に対して $P(A)$ を求めよう．ここでは，A は二つずつ互いに排反している事象 A_1, A_2, A_3 の和事象と考えることができる．A_1 は ①－② で電流が流れるが，③－④ では流れないことを表す事象，A_2 は ①－② では電流が流れないが，③－④ では流れることを表す事象，A_3 は ①－②，③－④ ともに電流が流れることを表す事象である．そのとき，事象 A_1, A_2 は 3 通りの根元事象からなるが，A_3 は 1 通りだけからなる．したがって，

$$P(A) = P(A_1) + P(A_2) + P(A_3) = \frac{3+3+1}{16} = \frac{7}{16}.$$

こうして，電流の流れる確率が最大となる回路は，II 型である．

性質 6 を 3 個の事象 A, B, C に対して拡張すると，つぎの式が得られる：

$P(A \cup B \cup C)$
$= P(A) + P(B) + P(C) - P(AB) - P(AC) - P(BC) + P(ABC).$

証明．$D = B \cup C$ (B, C の和事象) とおき，$P(A \cup D), P(B \cup C)$ に性質 6 を適用すると

$$P(A \cup D) = P(A) + P(D) - P(AD),$$
$$P(D) = P(B) + P(C) - P(BC)$$

ゆえに,
$$P(A \cup B \cup C) = P(A \cup D)$$
$$= P(A) + P(B) + P(C) - P(BC) - P(AD).$$

この最後の式に
$$P(AD) = P(A(B \cup C))$$
$$= P(AB \cup AC) = P(AB) + P(AC) - P(ABC)$$

を代入すれば, 目的の式が得られる.

任意個数の事象に対する加法定理の拡張は, 演習問題 10 で定式化されている.

演習問題 3.2

1. ある試行は全部で a_1, a_2, a_3, a_4 の 4 通りの場合があるとする. 起こりうるすべての事象を列挙せよ. その数はいくつあるか.
2. 等式 $ABC = A, A \cup B \cup C = A$ は, それぞれどんなことを意味しているか?
3. $\overline{A \cup B} = \overline{A}\,\overline{B},\ \overline{ABC} = \overline{A} \cup \overline{B} \cup \overline{C}$ を証明せよ.
4. $(A \cup B)(A \cup \overline{B})$ を簡単にせよ.
5. $A \supset B$ から $P(A) \geqq P(B)$ が導かれることを証明せよ.
6. 例 1 において, ホールに 8 列の椅子があり, 各列とも 8 席あるとすると, 答えはどうなるか?
7. サイコロを 2 回振るとき, 目の合計が 3 で割りきれる確率, 7 より大きい確率を求めよ. また, その合計が $2, 3, \ldots, 12$ の, どれになる確率が一番大きいか?
8. 図 14 の I 型, II 型の電気回路のうち, 電流の流れる確率の高いのはどちらか?

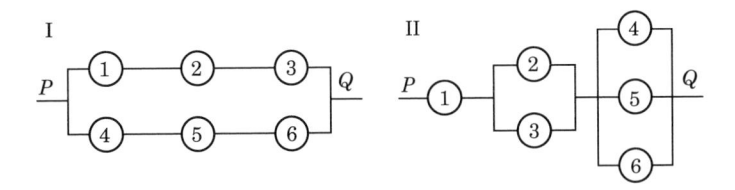

図 14　演習問題 8 の電気回路

9. 1 枚の硬貨を 2 回投げて，少なくとも 1 回表の出る確率と，2 回続けて裏の出る確率とでは，どちらが大きいか？

10. 任意の事象 $A_1, A_2, \ldots, A_n$ に対し，これらのうちの少なくとも一つが起こる事象 $A = A_1 \cup A_2 \cup \cdots \cup A_n$ の確率は，つぎの式で与えられることを証明せよ．

$$P(A) = \sum_{i=1}^n P(A_i) - \sum P(A_i A_j) + \sum P(A_i A_j A_k) - \cdots \\ + (-1)^{n+1} P(A_1 \cdots A_n)$$

(ここで右辺の第 2 項以下の各和は，すべて有限個の組合せ $A_{i_1}, A_{i_2}, A_{i_3}, \ldots$ について加えられ，各事象 A_i は，加えられる各項に 1 回だけ入ることができる)．

11. お客が 5 人来て，それぞれ自分の帽子をテーブルの上に置いた．帰るとき，それぞれの客は「当てずっぽうに」帽子を取って帰った．すべての客が，他人の帽子を取っていった確率はどれだけか？

3.3
組合せ論の基礎

　組合せの初歩的事項は，第 1 章ですでに述べた．
　数字あるいは符号など，なんらかの特徴によって区別できる n 個の要素 (もの) があるとする．n 個の要素のうちの k 個を，一定の順序に並べたものを，n 個の要素から k 個ずつを選ぶ**順列**という．異なる要素からなるものは，もちろん異なる順列だが，同じ要素からなるものでも並べ方が違うものは，別な順列と考える．

[例] かばんのなかに，万年筆 (f)，鉛筆 (p)，定規 (r)，ノート (n)，眼鏡 (g) が入っている．学生にかばんの中から二つの物を順番に取るように頼む．取り出された要素は，つぎのものである：$(f,p),(f,r),(f,n),(f,g),(p,f),(p,r)$，$(p,n),(p,g),(r,f),(r,p),(r,n),(r,g),(n,f),(n,p),(n,r),(n,g),(g,f),(g,p)$，$(g,r),(g,n)$．かっこの中の1番目には，最初にかばんから取り出された物の名が，2番目には，あとから取り出された物の名が書かれている．ここには，5個の物から2個取り出してできるすべての順列を書いてあり，それらは全部で20通りある．それらのなかには，要素が同じだが順序だけが異なっているものもある．たとえば，1番目と5番目，2番目と9番目など．また，1番目と2番目，1番目と11番目などのように要素が異なっているものもある．

この例では，直接書きくだすことによって，起こりうるすべての順列の個数を容易に数えることができた．しかし，多くの例では，起こりうるすべての順列をこのように列挙することは，技術的に面倒であったり，非常に多くの時間を費やすことになって，実際上不可能である．そこで通常は，一般的な公式を用いてすべての順列の数を求める．n 個の要素から k 個ずつ選ぶ順列の数は，つぎの公式で求められる．それは記号 $_nP_k$ によって表されている：

$$_nP_k = n(n-1) \cdots (n-k+1).$$

証明．まず，すべての順列を，つぎのように共通要素をもたない n 個のグループに分ける：第1グループに入るのは，第1要素で始まるすべての順列，第2グループに入るのは第2要素で始まるすべての順列，等々．さらに，第1グループでは第1要素はすでに確定しているから，つぎのように $n-1$ 個の小グループに分ける．第1小グループは第2要素が2番目に並んでいるもの，第2小グループは第3要素が2番目に並んでいるもの，等々．この操作を n 個のグループ全体について行う．その結果，$n(n-1)$ 個の異なった小グループができる．この操作をさらに続けると，順列は全部で $n(n-1) \cdots (n-k+1)$ 個あることがわかる．[*1]

[*1] (訳注) 例として，$S = \{a,b,c,d\}$ から3個を選ぶ順列を考え，$a, b, \ldots$ をそれぞれ第1要

$k = n$ の場合には，異なる順列の個数は

$$_nP_n = n(n-1) \cdots 2 \cdot 1$$

となることは明らかである．これはすでに 1.1 節で説明した $n!$ (n の階乗) に等しい．したがって，$_nP_n = n!$ である．また，$_0P_0 = 0! = 1$ と定義する．

こうして，$_nP_k$ は

$$_nP_k = \frac{n!}{(n-k)!}$$

と書くことができる．

n 個の要素から k 個ずつ選んで並べるさい，要素の順序を問題にしないものを，n 個の要素から k 個ずつを選ぶ**組合せ**という．たとえ 1 個でも要素が異なっていれば，異なった組合せになる．

この組合せの個数を $_nC_k$ と書くが，これにはすでに 1.8 節で出合っている．ここでは，順列 $_nP_k$ の概念を使って，$_nC_k$ を求める式を導こう．

n 個の要素から k 個ずつを選ぶすべての順列を考える．それらをグループに分けるが，各グループのなかでは要素の順序は問題にしないものとする．したがって，同じ要素からなる順列は同じものとして数える．ただし，一つの要素でも異なれば，異なる順列となる．明らかに，異なった順列の数は $_nP_k$ であるが，異なったグループの数は，n 個の要素から k 個ずつ選ぶ組合せの数 $_nC_k$ に等しい．しかし，各グループに含まれる順列の数は，k 個の異なった要素を並べ替える方法の数に等しい．その数は $_kP_k = k!$ である．したがって，

$$_nC_k = \frac{_nP_k}{_kP_k} = \frac{n!}{k!(n-k)!}.$$

また，$_nC_0$ は

$$_nC_0 = 1$$

と定義する．

ここで，偶然事象の確率を考えるために，組合せの公式を使ういくつかの例を考えよう．

素，第 2 要素，... と呼ぶと分かりやすい ($n = 4, k = 3$)．この並べ方を辞書式配列という．

[例1] くじ引きの問題. 5人の友人どうしが共同生活している. 彼らは朝, 順番にくじを引いて, 朝食のパンを誰が買いに行くかを決めることにした. 5枚の紙片のうちの1枚に×印が書いてあって, それを引いた人がパンを買いに行かなければならない. ×印の紙片を引く確率が一番小さいのは, 5人のうちの何番目に引く人だろうか.

解. 5枚の紙片の順列は5!である. このなかのいずれか一つが「当たり」になる. k番目に引く人が, ×印の紙片に当たる確率を求めよう. この事象が起こるのは, ×印がk番目に引かれ, 残りの4枚は任意の順番で現れる場合である. これは4!通りだけある. したがって, k番目に引く人が×印を引く確率は

$$P_k = \frac{4!}{5!} = \frac{1}{5}$$

に等しい. この確率はkと無関係である. すなわち, くじを引く順番と無関係である. だから, 最後に引く人も, くじに当たる確率は最初の人と同じである.

公式の応用との関連で, この問題はもっと面白い別の取り扱いができる.

[例2] 箱の中に10個の白球と5個の黒球が入っている. その中から3個をでたらめに取り出す. 取り出された球の中で, 白球, 黒球がそれぞれ何個の場合が, 最大の確率になるか?

解. 取り出された3個の球のなかで, 白球がi個, 黒球がj個となる事象を$A_{i,j}$で表す. $i+j=3$である. 事象は全部で$A_{3,0}, A_{2,1}, A_{1,2}, A_{0,3}$である. 球を取り出す順序は, ここでは問題にする必要はない. したがって, 15個の球から3個の球を取り出す, すべての組合せが根元事象になる. そのとき事象$A_{3,0}$は, $_{10}C_3$通りの根元事象から(10個の白球から3個を取り出す), 事象$A_{2,1}$は$_{10}C_2 \cdot {}_5C_1$通り根元事象から, $A_{1,2}$は$_{10}C_1 \cdot {}_5C_2$通りの根元事象から, そして, $A_{0,3}$は$_5C_3$通りの根元事象から構成される. それらの確率は,

$$P(A_{3,0}) = \frac{{}_{10}C_3}{{}_{15}C_3} = \frac{24}{91} \doteqdot 0.264, \quad P(A_{2,1}) = \frac{{}_{10}C_2 \, {}_5C_1}{{}_{15}C_3} = \frac{45}{91} \doteqdot 0.494$$

$$P(A_{1,2}) = \frac{{}_{10}C_1 \, {}_5C_2}{{}_{15}C_3} = \frac{20}{91} \doteqdot 0.220, \quad P(A_{0,3}) = \frac{{}_5C_3}{{}_{15}C_3} = \frac{2}{91} \doteqdot 0.022.$$

以上から，もっとも確率の大きいのは，白球2個，黒球1個の場合である．

[例3] $M+N$ 個の要素のうち，M 個は性質 A をもち，N 個はこの性質をもっていない．このなかから $k=m+n$ 個の要素をでたらめに取り出す．そのとき，m 個が性質 A をもち，n 個がこの性質をもたない確率はどれだけか？

これは，人口動態学，人口統計学，製品の品質管理などの数学の応用領域において，大きな役割をもっている問題である．

解． この問題の根元事象は，$M+N$ 個の要素から k 個を取り出すすべての場合である．k 個の要素が取り出される順序は，いま問題ではないから，根元事象の数は ${}_{M+N}C_k$ 通りである．明らかに，$0 \leq m \leq M, 0 \leq m \leq k, 0 \leq n \leq N$ であり，それ以外の場合には，問題としている事象の起こる確率は0である．性質 A をもつ m 個の要素は，${}_MC_m$ 通りの方法で取り出される．しかし，このときこの一つ一つは，性質 A をもたない n 個の要素を取り出す方法と組合わせて考えなければならない．その方法は，${}_MC_m \cdot {}_NC_n$ 通りだけある．したがって，求める確率は

$$\frac{{}_MC_m \cdot {}_NC_n}{{}_{M+N}C_{m+n}}$$

に等しい．

[例4] N 個の箱と n 個の粒子がある．それぞれの箱に"でたらめに"粒子を分配する．どのような分配が起こり，それらの確率はどうなるだろうか．

この問題は，物理学，化学，生物学，工学などのある種の問題に対して，非常に有効な考え方を提起する．「でたらめに」という言葉は，それぞれの問題に固有な性質と関連して，いろいろな意味をもっている．ここでは，物理学において構築された3種類のアプローチについて述べ，マックスウェル–ボルツマンの統計，ボース–アインシュタインの統計，およびフェルミ–ディラックの統計を紹介しよう．

a) マックスウェル–ボルツマンの統計． すべての粒子とすべての箱が区別できると仮定する．n 個の粒子のおのおのが，他の粒子とは独立に，どれかの箱に入る確率は $1/N$ としてよい．n 個の粒子を N 個の箱に分配するときに起

こりうる場合の数は N^n である．ここで最初の箱に n_1 個の粒子，2 番目の箱に n_2 個の粒子，…，N 番目の箱に n_N 個の粒子が入る確率を求めよう．もちろん，$n_1, n_2, \ldots, n_N$ のうちのいくつかは 0 になることもある．n 個の要素から m 個を選ぶ組合せの数を求める式から，n 個の要素を $n_1 = m, n_2 = n - m$ となるように，2 個の箱に分配する ($N = 2$) 場合の数を求めることができる．組合せの数を求めるさいにおこなったこの考察を繰り返すと，n 個の要素を N 個の箱に分配するのに，最初の箱には n_1 個，2 番目の箱には n_2 個，…，N 番目の箱には n_N 個 $(n_1 + n_2 + \cdots + n_N = n)$ が入る場合の数は，全部で

$$\frac{n!}{n_1! \, n_2! \cdots n_N!}$$

に等しいことがわかる．

したがって，問題の条件を満足する分配が起こる確率は，明らかに

$$P(n_1, n_2, \ldots, n_N) = \frac{n!}{n_1! \, n_2! \cdots n_N! \cdot N^n}$$

となる．

$n \leqq N$ の場合，あらかじめ決められたいくつかの箱に，それぞれ一つの粒子が入り，残りの箱は空である確率 p_1 は

$$p_1 = \frac{n!}{N^n}$$

である．粒子の入る箱をあらかじめ決めないときには，n 個の箱にそれぞれ 1 個の粒子が入る確率 p_2 は，p_1 を $_N C_n$ 倍して，

$$p_2 = {}_N C_n \cdot p_1 = \frac{N!}{N^n \, (N-n)!}$$

となる．

b) ボース-アインシュタインの統計．粒子が互いに区別できないと仮定する．そのときの分配は，それぞれの箱に入る粒子の数だけで区別される．このボース-アインシュタインの統計では，N 個の箱に n 個の粒子を入れるときに起こりうる場合の数は，$_{N+n-1}C_n$ に等しい．これは，つぎのように単純でスマートな組合せの考えで導くことができる．

$N+1$ 本の縦棒と n 個の点とを 1 列に並べる．ただし，両端にはそれぞれ

縦棒を置くことにし，$N-1$ 本の縦棒と n 個の点を，それらの間に自由に並べる．二つの縦棒のあいだの隙間は一つの箱とみなし，点は粒子とみなす (箱は全部で N 個ある．もしも 2 本の縦棒が隣りあったときには，その箱は空と考える)．両端の 2 本の縦棒を固定しておいて，内側にある $N-1$ 本の縦棒と n 個の点の，あらゆる配置を考える．この配置の数は全部で $(N+n-1)!$ 通りあるが，それらのなかには同じものが入っている．実際，縦棒について考えると，位置の入れ替わった縦棒を異なった配置として数えている．すなわち，各配列を $(N-1)!$ 倍して数えていることになる．つぎに点については，同じ点を異なったものとして数え，各順列を $n!$ 倍して数えている．したがって，ボース-アインシュタインの統計では，おのおのの箱に対する粒子の異なった配列は，

$$\frac{(N+n-1)!}{(N-1)!\,n!} = {}_{N+n-1}C_n$$

通りある．

ボース-アインシュタインの統計では，確率 p_1, p_2 はどうなるだろうか．あらかじめ指定された n 個の箱 $(n < N)$ に，それぞれ一つの粒子が入る確率 p_1 は，

$$p_1 = \frac{1}{{}_{N+n-1}C_n} = \frac{n!(N-1)!}{(N+n-1)!}$$

であり，箱をあらかじめ指定しないとき，n 個の箱にそれぞれ一つの粒子が入る確率 p_2 は，

$$p_2 = \frac{{}_NC_n}{{}_{N+n-1}C_n} = \frac{N!\,(N-1)!}{(N+n-1)!\,(N-n)!}$$

となる．

c) **フェルミ-ディラックの統計**．この統計では粒子が区別できないだけでなく，一つの箱には 2 個以上の粒子は入ることができない，とされる．N 個の箱に n 個の粒子 $(n \leq N)$ の入る異なる配列の数は ${}_NC_n$ に等しい (これは，a) の場合に確率 p_2 を求めるさいに，すでに述べた)．

フェルミ-ディラックの統計では，

$$p_1 = \frac{1}{{}_NC_n} = \frac{n!\,(N-n)!}{N!}, \quad p_2 = 1$$

演習問題 3.3

1. A, B 2 人が，他の 15 人と 17 ある座席に 1 列に座るとき，この 2 人が隣り合う確率を求めよ．

2. n 人の少女と n 人の少年が，1 列に並んだ $2n$ 個の座席に座る．どの 2 人の少女も隣り合わせにならない確率はいくらか．また，すべての少女が隣り合って座る確率はどれだけか．

3. チェス盤上の 2 箇所の升目に，白と黒のルーク (各 1 個) を勝手におく．これらが，互いに利き筋に入る確率と，そうならない確率とでは，どちらが大きいか (訳者注：この問題が日本の将棋だとしたら，つぎのようになる．将棋盤上に自分と相手の飛車を勝手におくとき，それらが互いに相手の飛車の利き筋に入る確率と，そうならない確率とでは，どちらが大きいか)．

3.4
条件つき確率，事象の独立性，確率の乗法定理

　確率の問題を解くとき，若干の補助的情報が存在するという状況のもとで，事象の確率を決定しなければならないことが，しばしば起こる．その場合，通常はつぎのように問題が設定される：ある事象 B が起こったことがわかったとき，事象 A の確率を求めよ．たとえば，サイコロを振って，目が 4 より小さいことがわかっているとき，偶数の目の出る確率を求めなければならないとする．この場合には，3 通りの起こりうる結果のうち，1 通りの結果だけの確率を求めることになる．

　ある試行において，n 通りの起こりうる場合のうち，m 通りが事象 B の起こりうる場合であり，また事象 AB の起こりうる場合は k 通りであると仮定する．

　事象 B が起こったとする．A も B も起こりうる場合の数の，B の起こりうるすべての場合の数に対する比を，事象 B が起こったという条件のもとでの

事象 A の条件つき確率という．この確率を記号 $P(A\,|\,B)$ で表す．すると定義から

$$P(A\,|\,B) = k/m.$$

もしも B が不可能な事象ならば，$P(A\,|\,B)$ を求めることはできない．

$$P(A\,|\,B) = \frac{k/n}{m/n}$$

と書くことができ，$P(AB) = k/n, P(B) = m/n$ だから，公式

$$P(A\,|\,B) = \frac{P(AB)}{P(B)}$$

が得られる．

これは，確率 $P(AB)$ と $P(B)$ を使って，条件つき確率 $P(A\,|\,B)$ を計算する重要な公式である ($P(B)$ は，条件なしの確率ということもある)．この公式は，一般の場合の条件つき確率の定義になっている．

[例1]　君の3人の友人が住んでいるアパートは50棟あり，1から50までの番号がついている．各棟とも100区画あって，1から100までの番号がついている．友人の誰がどこに住んでいるか，君は知らない．君が知っているのは a) 友人Aの区画番号は3で終わる，b) 友人Bのアパート番号は5で割りきれ，区画番号は2で割りきれる，c) 友人Cのアパート番号と区画番号の合計は100である，ということだけである．最初の訪問で必要な区画に行くことができる確率のうちで最大となるのは，3人のうちの誰を訪ねるときか．

解．事象 $A =$ 「区画の番号が3で終わる」とすると，A の起こりうる根元事象の数は $50 \cdot 10 = 500$ である．

事象 $B =$ 「アパート番号が5で割りきれ，区画番号が2で割りきれる」とすると，B は $10 \cdot 50 = 500$ の根元事象から構成される．

事象 $C =$ 「アパート番号と区画番号の合計が100である」に対する根元事象の数は50．

事象 $D =$ 「最初の訪問で，必要な区画に到達できる」とする．

このとき，

$$P(D\,|\,A) = \frac{1}{500}, \quad P(D\,|\,B) = \frac{1}{500}, \quad P(D\,|\,C) = \frac{1}{50}.$$

したがって，友人 C に対しての確率が最大である．比較のために，事象 D の条件なしの確率を計算すると

$$P(D) = \frac{1}{5000}$$

である．

ここで条件つき確率の性質を，3.2 節の条件なしの確率の性質に対応して要約しておこう：

1. つねに $0 \leqq P(A\,|\,B) \leqq 1$. そのさい，$AB$ が不可能な事象ならば，$P(A\,|\,B) = 0$. また，$B \subset A$ ならば $P(A\,|\,B) = 1$.

2. $C = A \cup B$ かつ $AB = \phi$ ならば，任意の事象 D に対して

$$P(A\,|\,D) + P(B\,|\,D) = P(C\,|\,D).$$

これは条件つき確率に対する加法定理であって，$A = A_1 \cup A_2 \cup \cdots \cup A_k, A_i A_j = \phi\,(i \neq j)$ の場合に拡張することができ，つぎの公式が成り立つ：

$$P(A\,|\,D) = P(A_1\,|\,D) + P(A_2\,|\,D) + \cdots + P(A_k\,|\,D).$$

3. A の余事象を $\overline{A}$ とすると

$$P(\overline{A}\,|\,B) = 1 - P(A\,|\,B).$$

以上の性質は，条件なしの確率の性質とまったく同様に証明することができる．これらの証明は読者の演習問題としよう．

[例 2] 電流を通す確率も，通さない確率も，ともに 0.5 の素子をもつ電気回路があり，それぞれの素子の働きは，他の素子に影響を与えないとする．

a) 図 15 の回路に電流が流れるとき，素子①を通って電流が流れる確率はどれだけか？ また，素子②を通って電流が流れる確率はどれだけか？ どちらの確率が大きいだろうか？

3.4 条件つき確率，事象の独立性，確率の乗法定理   53

b) 図 16 の回路に電流が流れるとき，分岐回路 I, II, III のそれぞれに電流が流れる確率はどれだけか？

c) 図 17 の回路に電流が流れないことがわかったとき，分岐回路 I, II, III のそれぞれに電流が流れない確率はどれだけか？

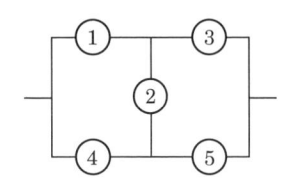

図 15 例 2 の電気回路

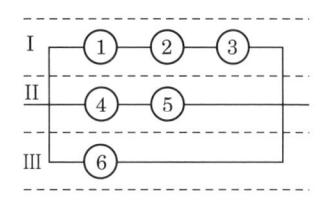

図 16 例 2 の電気回路

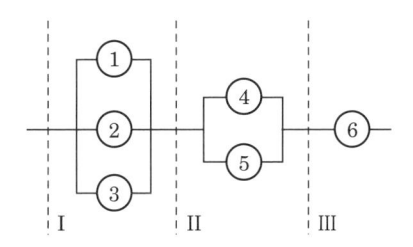

図 17 例 2 の電気回路

解． a) 回路には 5 個の素子があり，それらのおのおのは，電流が流れる，流れないの 2 通りのうちのどちらか一つの状態をとる．だから，回路に起こりうる状態は，全部で $2^5 = 32$ 通りある．事象「素子①を通って電流が流れる」を A_1 で，事象「素子②を通って電流が流れる」を A_2 で，また，事象「回路全体に電流が流れる」を B で表す．

全部で 32 通りの回路に起こりうる状態のうち，16 通りの場合に電流が流れる．すべての起こりうる状態のリストを書けば，それを納得できるだろう．つぎの表で，文字 y は「電流が流れる」，n は「電流が流れない」を表すとする．これらの文字の位置は素子の番号に対応している．また，記号＋は回路に電流が流れることを表し，－は流れないことを表している．

$yyyyy$	(1 通り, $+$)
①②③④⑤のどれか一つが n	(5 通り, $+$)
$nyyny$, $yynyn$	(2 通り, $-$)
二つの素子以外は y (上記の二つを除く)	(8 通り, $+$)
$ynynn$, $nnnyy$	(2 通り, $+$)
三つの素子が n (上記の二つを除く)	(8 通り, $-$)
一つ以外は n	(5 通り, $-$)
$nnnnn$	(1 通り, $-$)

この表より, $P(B) = 0.5$, $P(A_1 B) = 11/32$, $P(A_2 B) = 9/32$ となる. これから,

$$P(A_1 \mid B) = \frac{P(A_1 B)}{P(B)} = \frac{11/32}{16/32} = \frac{11}{16},$$

$$P(A_2 \mid B) = \frac{P(A_2 B)}{P(B)} = \frac{9/32}{16/32} = \frac{9}{16}.$$

b) 事象 $A_1 = $ 「分岐回路 I に電流が流れる」, $A_2 = $ 「分岐回 II に電流が流れる」, $A_3 = $ 「分岐回路 III に電流が流れる」, $B = $ 「回路全体に電流が流れる」とする. $P(\overline{B})$ つまり回路に電流が流れない確率は容易に計算できる. $\overline{B}$ が起こるのは, I, II, III のいずれにも電流が流れないときであり, それは $2^6 = 64$ 通りの根元事象のうちの 21 通りである. したがって, $P(B) = 43/64$.

A_1 は B に含まれるから $A_1 B = A_1$ であり, A_1 の起こりうる場合は 8 通りである. すなわち, 素子 ①, ②, ③ には電流が流れ, ④, ⑤, ⑥ には流れても流れなくても, どちらでもよいから, A_1 は 8 通りの根元事象からできている. したがって, $P(A_1 B) = 8/64$. 同様に $P(A_2 B) = 16/64$, $P(A_3 B) = 32/64$. これから,

$$P(A_1 \mid B) = \frac{P(A_1 B)}{P(B)} = \frac{8}{43},$$

$$P(A_2 \mid B) = \frac{P(A_2 B)}{P(B)} = \frac{16}{43},$$

$$P(A_3 \mid B) = \frac{P(A_3 B)}{P(B)} = \frac{32}{43}.$$

c) この場合の解は，b) の解とまったく同様である．ただ，直列と並列が入れ替わるので「電流が流れる」を「電流が流れない」に置き換えればよい．求める確率は，それぞれ

$$P(\overline{A_1}\,|\,\overline{B}) = \frac{8}{43}, \quad P(\overline{A_2}\,|\,\overline{B}) = \frac{16}{43}, \quad P(\overline{A_3}\,|\,\overline{B}) = \frac{32}{43}$$

となる．

確率論において非常に重要な役割を演じているのが，偶然事象の独立性の概念である．

等式 $P(A\,|\,B) = P(A)$ が成り立つとき，つまり事象 B が起こったという条件のもとでの事象 A の条件つき確率が，事象 A の条件なしの確率に等しいとき，事象 A は事象 B と独立である という．

いくつか例を挙げよう．

[例3] ひと組のトランプ・カードから，でたらめに1枚を取り出す．このカードがエースである確率はどれだけか？

解．トランプは52枚ひと組のカードからできているので，求める確率は $4/52 = 1/13$ であることは容易にわかる．だから，事象 $A =$「エースである」の起こる確率は $1/13$．ここで，取り出したカードが黒であるという事象 B が起こったとする．この条件を追加したとき，エースを取り出すという条件つき確率はどれだけか？この場合，26通りの可能性があり，そのうち A に該当するのは2通りだから，$P(A\,|\,B) = 2/26 = 1/13$．したがって，$P(A\,|\,B) = P(A)$．すなわち，事象 A は事象 B と独立である．

[例4] クラスには学科 A, B, C のどれかで不合格点をとった生徒が4人いる．1番目の生徒は学科 A で不合格点をとり，2番目の生徒は学科 B で，3番目の生徒は学科 C で不合格点をとっているが，4番目の生徒は3学科すべてで不合格点をとっている．学校長は，これら4人の生徒が学科 A, B, C のどれかで不合格点をとっていることは知っているが，どの生徒がどの学科で不合格点をとったかは知らない．休み時間に彼はこれらの生徒の1人に会い，「君は学科 A で，いつになったら合格点をとれるのかね」と尋ねた．彼がどの学科を名指し

たとしても，それが正しい確率は明らかに 0.5 である．つまり，
$$P(A) = P(B) = P(C) = 0.5$$
ここで，この生徒が学科 A で不合格点をとっていることを校長が言い当てたとする．そのとき，校長はさらに続けて，「君は学科 B でも合格点をとらなければいけない」と言ったとする．今度も校長が間違っていない確率はどうなるか．

解．容易にわかるように，
$$P(B \mid A) = P(C \mid A) = P(A \mid B) = P(C \mid B) = P(A \mid C) = P(B \mid C) = 0.5$$

この例においても，4 人の生徒からでたらめに選んだ 1 人が，学科 A で不合格点をとっている事象を A で表し，学科 B, C についても，同様に事象 B, C とすると，以上のことから，A, B, C のどのペアも互いに独立であることがわかる．

事象 A, B はともに不可能な事象ではないとする．そのとき，A が B と独立ならば，B も A と独立である．言い換えると，偶然事象の独立性は相互的である．このことを証明しよう．

$P(A \mid B) = P(A)$，かつ $P(B) > 0$ と仮定すると，条件つき確率の定義から
$$P(A \mid B) = \frac{P(AB)}{P(B)}.$$
したがって，$P(AB) = P(A)P(B)$．$P(A) > 0$ だから，定義から $P(B \mid A) = \frac{P(AB)}{P(A)}$．ゆえに，$P(B \mid A) = \frac{P(A)P(B)}{P(A)} = P(B)$．すなわち，$B$ も A と独立である．

この証明から，つぎの重要な結論が導かれる：事象 A, B が独立ならば，

確率の乗法定理
$$P(AB) = P(A)P(B)$$
が成り立つ．

この逆の命題も成り立つ：$P(AB) = P(A)P(B)$ ならば，事象 A, B は独立である．

この定理によって表された独立性の性質は，$P(A) = 0$ あるいは $P(B) = 0$ の場合にも成り立つので，大きな応用の可能性をもっている．

任意の事象に対しては，一般に確率の乗法定理は
$$P(AB) = P(A)P(B\,|\,A) = P(B)P(A\,|\,B)$$
の形で表される．

任意個数の事象に対して，独立性の概念を拡張しよう．

事象 $A_1, A_2, \ldots, A_n$ が全体として独立である (あるいは相互に独立である) ことをつぎのように定義する．すなわち，そのなかの任意の s 個からなる事象の組 $A_{i_1}, A_{i_2}, \ldots, A_{i_s}$ $(2 \leqq s \leqq n)$ に対して，
$$P(A_{i_1} A_{i_2} \cdots A_{i_s}) = P(A_{i_1}) P(A_{i_2}) \cdots P(A_{i_s})$$
の形での乗法定理が成り立つこと，とする．

4人の生徒を扱った例4では，事象 A, B, C は全体としては独立でないことがわかる (各自で確かめてほしい)．

[例5] サイコロを2回投げる．事象 $A =$「1回目に6の目が出る」，$B =$「2回目に奇数の目が出る」とする．A と B とは独立であることを証明しよう．

解． この試行では，36通りの異なった根元事象がある．それらのうち A が起こりうるのは，つぎの6通りである：
$$(6,1) \quad (6,2) \quad (6,3) \quad (6,4) \quad (6,5) \quad (6,6)$$
2回目に出る奇数の目のおのおのは，1回目に起こりうる6通りの結果と結びついて数えられるので，事象 B は18通りの根元事象からなる．また事象 AB は，$(6,1), (6,3), (6,5)$ という3通りの根元事象だけを含んでいる．

したがって，
$$P(A) = \frac{6}{36} = \frac{1}{6}, \quad P(B) = \frac{18}{36} = \frac{1}{2},$$
$$P(AB) = \frac{3}{36} = \frac{1}{12} = \frac{1}{6} \cdot \frac{1}{2} = P(A)P(B).$$
これで A, B の独立性が証明された．

サイコロを n 回投げるとき，各回ごとに起こる事象は全体として独立であることは，容易に示すことができる．その証明は，2 回投げるときと同様の方法でおこなうことができる．

ここで，**全確率の公式**と呼ばれる，簡単だが重要な公式を導こう．それは，いくつかの事象の条件なしの確率と，条件つき確率とを結びつけるものである．

事象 $A, B_1, B_2, \ldots, B_k$ に対して，確率 $P(B_1), P(B_2), \ldots, P(B_k)$ および，$P(A \mid B_1), P(A \mid B_2), \ldots, P(A \mid B_k)$ が定まり，それらは 0 ではないとする．さらに，$A \subset B_1 \cup B_2 \cup \cdots \cup B_k$ であり，また $B_i, B_j (i, j = 1, 2, \ldots, k ; i \neq j)$ は互いに排反であると仮定する．これだけの条件から，事象 A の確率を求めることができるだろうか？　もしできるとしたら，どのようにしてだろうか？

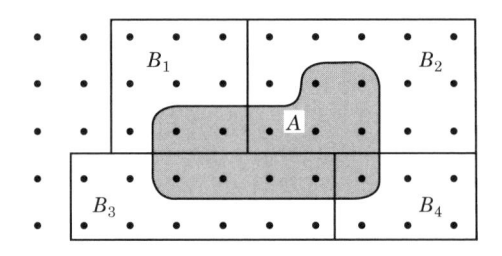

図 18　全確率の公式の図解

まず第一に，等式
$$A = A(B_1 \cup B_2 \cup \cdots \cup B_k) = AB_1 \cup AB_2 \cup \cdots \cup AB_k$$
が成り立つことに注意しよう．この等式は，四つの事象 B_1, B_2, B_3, B_4 に対して図で説明すると，図 18 のようになる．

事象 $B_i, B_j \ (1 \leqq i, j \leqq k, \ i \neq j)$ が互いに排反であるから，AB_i, AB_j も互いに排反である．したがって，確率の加法定理によって，
$$P(A) = P(AB_1) + P(AB_2) + \cdots + P(AB_k)$$
となる．しかし，任意の $i \ (1 \leqq i \leqq k)$ に対し
$$P(AB_i) = P(B_i) P(A \mid B_i)$$

となるので,
$$P(A) = P(B_1)P(A\,|\,B_1) + P(B_2)P(A\,|\,B_2) + \cdots + P(B_k)P(A\,|\,B_k)$$
が成り立つ．これが全確率の公式である．

[例6] ひと山の部品のうち，工場 I，工場 II，工場 III で作られた部品は，それぞれ 20 %，30 %，50 % である．また工場 I, II, III で不良品の作られる確率は，それぞれ 0.05, 0.01, 0.06 である．このひと山からでたらめに取り出した部品が，不良品である確率はどれだけか？

解．事象 $A =$「取り出した部品が不良品である」とし，工場 I，II，III で作られた部品であるという事象を，それぞれ B_1, B_2, B_3 とする．そうすると，
$$P(B_1) = 0.2, \quad P(B_2) = 0.3, \quad P(B_3) = 0.5,$$
$$P(A\,|\,B_1) = 0.05, P(A\,|\,B_2) = 0.01, P(A\,|\,B_3) = 0.06.$$
したがって，全確率の公式によって
$$P(A) = 0.2 \cdot 0.05 + 0.3 \cdot 0.01 + 0.5 \cdot 0.06 = 0.043.$$

全確率の公式から導かれる結果に，いわゆるベイズの定理がある．

ベイズの定理．事象 $B_i (i = 1, 2, \ldots, k)$ は互いに排反で，$A \subset B_1 \cup B_2 \cup \cdots \cup B_k$ とする．そのとき，
$$P(B_j\,|\,A) = \frac{P(B_j)P(A\,|\,B_j)}{\sum_{i=1}^{k} P(B_i)P(A\,|\,B_i)}.$$

証明．確率の乗法定理から
$$P(AB) = P(A)P(B\,|\,A), \quad P(AB) = P(B)P(A\,|\,B).$$
これから，式
$$P(B\,|\,A) = \frac{P(B)P(A\,|\,B)}{P(A)}$$

が導かれる．この式に，全確率の公式における $P(A)$ を求める式を代入し，$B = B_j$ とおくと，ベイズの定理が得られる．

この定理は，1763 年に T. ベイズによって発見されたものであるが，その意義は，それによって事象 A が起こった後の事象 B_j の条件つき確率が，A の起こる前の確率 $P(B_j)$ と関係づけられることにある．統計における応用では，しばしば，B_j を「仮説」，確率 $P(B_j)$ を仮説 B_j の「事前確率」，$P(B_j | A)$ を A が起こったのちの仮説 B_j の「事後確率」と呼んでいる．

ベイズの定理を具体例で説明しよう．

[例 7] 例 6 の条件が成り立っているとする．でたらめに取り出した部品が不良品であった．それが工場 I, II, III で作られた確率はそれぞれどれだけか？

解． 例 6 の記号をそのまま使うことにする．そうすると，求める確率は $P(B_1 | A), P(B_2 | A), P(B_3 | A)$ である．ベイズの定理を使うと，

$$P(B_1 | A) = \frac{P(B_1)P(A | B_1)}{\sum_{j=1}^{3} P(B_j)P(A | B_j)} = \frac{0.2 \cdot 0.05}{0.043} \fallingdotseq 0.233,$$

$$P(B_2 | A) = \frac{0.3 \cdot 0.01}{0.043} \fallingdotseq 0.070,$$

$$P(B_3 | A) = \frac{0.5 \cdot 0.06}{0.043} \fallingdotseq 0.698.$$

こうして，この不良品が工場 III で作られた確率は，工場 II で作られた確率の約 10 倍もあり，工場 I で作られた確率の 3 倍も大きい．

演習問題 3.4

1. 2 個のサイコロを投げて，出る目の和は，1) 7 である，2) 10 である，のどちらかであることがわかっている．目の和を予想して当てるとき，1) と 2) とでは，どちらの場合のほうが確率が大きいか．

2. $A_1 A_2$ が空事象でないとき，式
$$P(A_1 \cup A_2 | B) = P(A_1 | B) + P(A_2 | B)$$

3.4 条件つき確率，事象の独立性，確率の乗法定理 61

は成り立つだろうか．

3. 四つの箱があって，それぞれつぎのように球が入っている：第1の箱—5個の白球と5個の黒球，第2の箱—1個の白球と2個の黒球，第3の箱—2個の白球と5個の黒球，第4の箱—3個の白球と7個の黒球．でたらめに一つの箱を選び，その中から球を1個取り出すとき，黒である確率はどれだけか．

4. 図19の3種類の電気回路で，素子①，②，③はともにon, offが同程度に起こる．このなかのどれか1種類の回路をでたらめに選ぶとき，それが電気を通す確率はどれだけか．

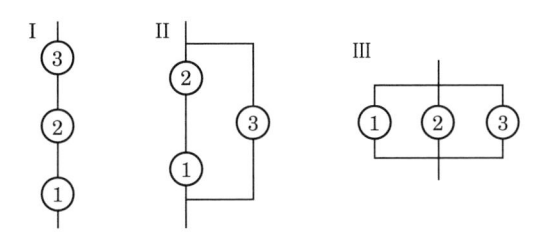

図19 演習問題4．の電気回路

5. 単位時間に1個のアメーバが死滅する確率は1/4，そのまま生存を続ける確率は1/4，2個に分裂する確率は1/2であるとしよう．つぎの単位時間にも，各アメーバについて同じことが起こるとする．2番目の単位時間の終わりに，何個のアメーバが，どれくらいの確率で生存しているか．

6. プレーヤー A が数字 0, 1 を名指す確率は，それぞれ $p_1, q_1 = 1 - p_1$ であり，プレーヤー B は A とは無関係に，0, 1 をそれぞれ $p_2, q_2 = 1 - p_2$ の確率で名指す．数字の合計が偶数 (0 か 2) になれば A の勝ち，奇数 (1) になれば B の勝ちとする．A, B が勝つ確率はそれぞれどれだけか？ A が p_2 を知っているとき，A の勝つ確率が最大となるのは，p_1 がどのような値のときか？

7. 少年の左のポケットには，キャンディ「ベロチカ」3個と「モスカ」1個が入っている．右のポケットには，2個の「ベロチカ」と2個の「モスカ」が入っている．彼が一方のポケットから2個のキャンディを取り出したら，「ベロチカ」1個と「モスカ」1個であった．彼が左のポケットからキャンディを取り出した確率はどれだけか？ また，右のポケットから取り出した確率はどうか？

8. つぎの一般的な確率の乗法定理を証明せよ．

$$P(A_1 \ldots A_n) = P(A_1)P(A_2 \mid A_1)P(A_3 \mid A_1 A_2) \cdots P(A_n \mid A_1 A_2 \cdots A_{n-1}).$$

$$P(A_1 \ldots A_n \mid C) = P(A_1 \mid C)P(A_2 \mid A_1 C) \cdots P(A_n \mid A_1 A_2 \cdots A_{n-1} C).$$

9. つぎの一般的な全確率の公式を証明せよ．

$$P(A \mid C) = P(B_1 \mid C)P(A \mid B_1 C) + \cdots + P(B_k \mid C)P(A \mid B_k C).$$

第4章
ベルヌーイ試行列，極限定理

4.1
独立試行列，ベルヌーイの公式

　確率論の主要な諸概念を定式化するなかで，スイスの数学者 J. ベルヌーイ (1654–1705) によって研究された，一つの数学モデルの基本的役割が，まず最初に明らかになった．そのモデルはつぎのようなものである：連続しておこなわれるおのおのの試行において，ある事象 A の起こる確率は一定で p に等しい．また，各試行は独立であると仮定する．このことは，つぎの意味をもっている．すなわち，おのおのの試行において，事象 A が起こるか起きない ($\overline{A}$ が起こる) かは，(その試行の前後の) 他の試行において A が起こるか起きないかに無関係である．このように2通りの結果をもつ独立試行の列を**ベルヌーイ試行列**という．

　ここでつぎの問題が起こる：ベルヌーイ試行が n 回行われ，そのおのおのにおいて事象 A の起こる確率が p であるとき，事象 A が m 回起こる確率を求めよ．

　まず最初に，おのおのの試行においては，事象 A が起こるか起きないか (習慣的な表現では「成功」か「失敗」か) という，2通りの結果だけが問題であることに注意しよう．一つの試行で事象 A が起きない (事象 $\overline{A}$ が起こる) 確率は，

$$q = 1 - p$$

に等しい．

n 回の試行のうち，m 回は A が起き，残りの $n-m$ 回においては起きない確率は，独立事象に対する確率の乗法定理によって

$$p^m q^{n-m}$$

に等しい．しかし，事象 A の起こる m 回の試行は，全体の n 回のなかから $_nC_m$ 通りの方法で選ぶことができる．したがって，求める確率を $P_n(m)$ で表すと，確率の加法定理によって，

$$P_n(m) = {}_nC_m \, p^m q^{n-m} \tag{4.1}$$

となる．この確率は **2 項確率**と呼ばれている．この (4.1) 式を，**ベルヌーイの公式**という．

n 回のうちの n 回とも事象 A の起こる確率は，ベルヌーイの公式から

$$P_n(n) = p^n$$

に等しい．また，n 回のうち A が一度も起こらない確率は

$$P_n(0) = q^n$$

に等しい．

[例 1] ある家族に 10 人の子どもがいる．男の子の生まれる確率を 0.5 とすると，この家族で 0, 1, 2, ..., 10 人の男の子がいる確率はどれだけか？

解． 等式 $_nC_m = {}_nC_{n-m}$ と $p = q = 0.5$ という仮定から，$P_n(m) = P_n(n-m)$ となる．したがって，

$$P_{10}(0) = P_{10}(10) = {}_{10}C_0 \cdot \frac{1}{2^{10}} = \frac{1}{1024},$$

$$P_{10}(1) = P_{10}(9) = {}_{10}C_1 \cdot \frac{1}{2^{10}} = \frac{10}{1024},$$

$$P_{10}(2) = P_{10}(8) = {}_{10}C_2 \cdot \frac{1}{2^{10}} = \frac{45}{1024},$$

$$P_{10}(3) = P_{10}(7) = {}_{10}C_3 \cdot \frac{1}{2^{10}} = \frac{120}{1024},$$

$$P_{10}(4) = P_{10}(6) = {}_{10}C_4 \cdot \frac{1}{2^{10}} = \frac{210}{1024},$$

$$P_{10}(5) = {}_{10}C_5 \cdot \frac{1}{2^{10}} = \frac{252}{1024}.$$

以上から，10人の子どものいる大家族で，男の子と女の子が半々となる確率は 0.25 に近いことがわかる．この家族で男の子だけ，あるいは女の子だけという確率は非常に小さくて，1/1000 より少し小さい．また，4人の男の子と6人の女の子，5人の男の子と5人の女の子，6人の男の子と4人の女の子，のいずれかである確率は 672/1024 ≒ 2/3 である．

[**例 2**]　コンデンサーが 1 万時間以内に故障する確率は 0.01 とする．このコンデンサーが 100 個試験台上に置いてある．1 万時間以内に 0, 1, 2, 3 個のコンデンサーが故障する確率は，それぞれどれだけか．

解．　式 (4.1) から，

$$P_{100}(0) = 0.99^{100} \qquad\qquad = 0.3660,$$

$$P_{100}(1) = 100 \cdot 0.01 \cdot 0.99^{99} \qquad = 0.3697,$$

$$P_{100}(2) = \frac{100 \cdot 99}{1 \cdot 2} \, 0.01^2 0.99^{98} \quad = 0.1848,$$

$$P_{100}(3) = \frac{100 \cdot 99 \cdot 98}{1 \cdot 2 \cdot 3} \, 0.01^3 0.99^{97} = 0.0185.$$

実験時間中に 4 個以上のコンデンサーが故障する確率は

$$1 - \{P_{100}(0) + P_{100}(1) + P_{100}(2) + P_{100}(3)\} = 0.0185$$

で，2％より小さい．

[**例 3**]　ある町で，ある期間中に 400 人の子どもが生まれたとする．そのなかで，男の子の数が 180 人より多く，220 人より少ない確率はどれだけか．ただし，男の子の産まれる確率は 0.5 とする．

解．　ここで求めようとしているのは，男の子の生まれる数が 181 人, 182 人, …, 219 人のいずれかである確率である．それは，

に等しい. もしも境界値 180 と 220 を含めるほうが望ましいなら，上で得た値に追加すればよい. そうすると，求める値は

$$\sum_{m=180}^{220} {}_{400}C_m \cdot \frac{1}{2^{400}}$$

となるが，そうしてもこれら二つの確率はわずかしか違わない.

$$P_{400}(180) = P_{400}(220) \fallingdotseq 0.005$$

だからである.

[例 4] A, B 2 人のチェスの選手が，10 回勝負の試合をすることにした．1 回の勝負で A が勝つ確率は 2/3, B が勝つ確率は 1/3 である (引き分けはないものとする). A, B のそれぞれが 10 回勝負で勝つ確率，また引き分けになる確率はどれだけか.

解. A が勝つためには，10 回のうち 6 回以上勝たなければならない. ベルヌーイの公式と加法定理によって，この確率は

$$P_{10}(6) + P_{10}(7) + P_{10}(8) + P_{10}(9) + P_{10}(10)$$

$$= \frac{2^6}{3^{10}}(210 + 240 + 180 + 80 + 16) = \frac{2^6 \cdot 242}{3^9} \fallingdotseq 0.7869$$

である. B がこの勝負で勝つ確率は

$$P_{10}(0) + P_{10}(1) + P_{10}(2) + P_{10}(3) + P_{10}(4)$$

$$= \left(\frac{1}{3}\right)^{10} + {}_{10}C_1\left(\frac{1}{3}\right)^9 \frac{2}{3} + {}_{10}C_2\left(\frac{1}{3}\right)^8\left(\frac{2}{3}\right)^2 + {}_{10}C_3\left(\frac{1}{3}\right)^7\left(\frac{2}{3}\right)^3$$

$$+ {}_{10}C_4\left(\frac{1}{3}\right)^6\left(\frac{2}{3}\right)^4$$

$$= \frac{1507}{3^9} \fallingdotseq 0.0765.$$

また，引き分けに終わる確率は

$$P_{10}(5) = {}_{10}C_5 \left(\frac{2}{5}\right)^5 \left(\frac{1}{3}\right)^5 \fallingdotseq 0.1366.$$

1回ごとの勝負では，A の勝つ確率は B の 2 倍だが，10 回勝負では，A は B の 10 倍以上の確率で勝つことになる．また，B にとって引き分けになる確率は，勝つ確率の約 2 倍である．

n 回の独立試行において，事象 A が m 回起こる事象を E_m とする．事象 $E_0, E_1, \ldots, E_n$ は互いに排反していて，しかもそれらの和事象は確実な事象である．したがって，

$$\sum_{m=0}^{n} P_n(m) = 1.$$

一方，それぞれの試行に対して $p+q=1$ であるから，

$$(p+q)^n = 1.$$

この二つの式の左辺をくらべると，重要な関係式

$$(p+q)^n = \sum_{m=0}^{n} P_n(m) = \sum_{m=0}^{n} {}_nC_m p^m q^{n-m} \tag{4.2}$$

が成り立つ．これは**ニュートンの 2 項定理**の特別な場合である．

注意深い読者は気づいていることと思うが，この節での考察は，本質的には，確率の古典的定義とは関係ない．確率がそれぞれ $p, q = 1-p$ で，互いに排反している結果が起こるような試行を考える．p, q は必ずしも等しいとは限らないが，とくに $p = q = 1/2$ の場合には，ベルヌーイの公式によって，確率 $P_n(m) = {}_nC_m\, 2^{-n}\, (m = 0, 1, 2, \ldots, n)$ をもつ $E_0, E_1, \ldots, E_n$ を根元事象とする試行を考えることになる．というわけで，3.2 節で確率の基本的性質として挙げたが，1 より小さい任意の非負の数は，根元事象の確率とみることができる．ここで述べたいくつかの例では，均質性 (対称性) にもとづいて確率を求めることができないので，統計的定義に頼らざるをえない (第 2 章参照)．

ここで確率 $P_n(m)$ を整数の変数 m の関数として考察しよう．1.5 節の例と，この節の例から，変数 m が増加すると関数 $P_n(m)$ も増加するが，やがて最大値に達し，それからは減少し始めるのではないか，と予想される．実際にそう

なることを証明しよう．そのためにつぎの比を考察する：

$$\frac{P_n(m+1)}{P_n(m)} = \frac{\dfrac{n!}{(m+1)!(n-m-1)!} p^{m+1} q^{n-m-1}}{\dfrac{n!}{m!(n-m)!} p^m q^{n-m}}$$

$$= \frac{n-m}{m+1} \cdot \frac{p}{q}. \tag{4.3}$$

比 $\dfrac{n-m}{m+1} \cdot \dfrac{p}{q}$ が 1 より大きいか，等しいか，小さいかにしたがって，確率 $P_n(m+1)$ は $P_n(m)$ より大きいか，等しいか，小さいかのいずれかであることは明らかだ．とくに，

$$\frac{n-m}{m+1} \cdot \frac{p}{q} > 1 \quad\text{すなわち}\quad m < np - q$$

ならば，$P_n(m+1)$ は $P_n(m)$ より大きい．したがって，m が 0 から，$np-q$ の整数部分まで増加するとき，$P_n(m)$ は増加する．

もし $\dfrac{n-m}{m+1} \cdot \dfrac{p}{q} = 1$，すなわち $m = np - q$ ならば（この等式は，$np - q$ が負でない整数値のときにのみ成り立つ），

$$P_n(m) = P_n(m+1).$$

最後に $\dfrac{n-m}{m+1} \cdot \dfrac{p}{q} < 1$，すなわち $m > np - q$ ならば，$P_n(m) > P_n(m+1)$ となる．

以上で関数 $P_n(m)$ の振る舞いは完全に解明された：$P_n(m)$ は，m が $np-q$ より小さいうちは増加し，やがて最大値に達し，m が $np-q$ より大きくなると減少する．$P_n(m)$ が最大値をとるときの m の値を m^* とすると，不等式

$$np - q \leqq m^* \leqq np + p$$

が成り立つ．

数 $np-q$ と $np+p$ とは 1 だけ違うので，m^* は

$$np - q < m^* < np + p$$

を満足する唯一の整数であるか，または

$$m_1^* = np - q, \quad m_2^* = np + p$$

によって決まる m_1^*, m_2^* に等しくなる.

こうして $np-q$ が整数ならば,確率 $P_n(m)$ が最大になる m の値は二つあり,$P_n(np-q) = P_n(np+p)$ となる.$np-q$ が整数値でないなら,m が m^* に等しいとき,$P_n(m)$ は最大になる.ただし,m^* は $np-q$ より大きく,$np+p$ より小さい整数である.

[例 5] 事象 A の確率は $3/5$ である.試行回数が 19 と 21 の場合に,事象 A の起こる確率がもっとも大きくなる m の値を求めよ.

解. $n=19$ の場合は,
$$np-q = 19 \cdot \frac{3}{5} - \frac{2}{5} = 11$$
となるので,$m = 11, 12$ のとき,確率は最大になる.この確率の値は
$$P_{19}(11) = P_{19}(12) = 0.1797.$$
$n=21$ の場合は,$np-q = 21(3/5) - 2/5 = 61/5$ は整数でないので,確率が最大になる m の値は,ただ一つだけになる.その m の値は 13 で,そのときの確率は,$P_{21}(13) = 0.1742$ である.

演習問題 4.1

1. ベルヌーイの公式を導くときに用いた考え方を使って,ニュートンの 2 項定理:
$$(a+b)^n = a^n + {}_nC_1 a^{n-1}b + \cdots + b^n \quad (a \geqq 0, b \geqq 0)$$
を証明せよ.

2. 箱の中に白玉 9 個,赤玉 1 個が入っている.毎回 (1 個ずつ) 取り出した玉は元へ戻すことにして,10 回玉を取り出すとき,少なくとも 1 回赤玉を取り出す確率はどれだけか.また,少なくとも 1 回赤玉を取り出す確率が 0.9 以上になるためには,何回玉を取り出さなければならないか.

3. 確率の考えを利用して,${}_nC_k = {}_nC_{n-k}$ の成り立つことを証明せよ.

4. 硬貨を $n = 5, 10, 15$ 回投げるとき,表の出る確率を計算せよ.x 軸上に m/n (m は表の出る回数) の値を記入し,y 軸上に m の値に対する確率を記入してグラフを描け.n の値が増えると,どのように確率が変化するか.

4.2
大数の法則（ベルヌーイの定理）

ここで，確率論のもっとも重要な定理の一つを定式化し，証明しよう．それは，J. ベルヌーイ (1654–1705) によって提案されたが，発表されたのは彼の死後，1713 年の『推論術』($Ars\ Conjectandi$) という書物のなかにおいてであった．

大数の法則の名で知られているこの定理は，つぎのようなありふれた問題の結果として導かれた．

n 回の独立なベルヌーイ試行のおのおのにおいて，事象 A は同一の確率 p で起こるとする．前節で，試行回数 n のとき，A の起こるもっとも確からしい回数は np に近いことが明らかにされた．この試行の全体において A が起こる回数に関して，もっと明確な考えを述べることができないだろうか？ 実は，できるのだ．そのために，全体で n 回の試行のなかで，事象 A の起こる回数を μ とし，A の起こる頻度 μ/n とその確率 p との差 $\mu/n-p$ を考えよう．μ は，0 と n とのあいだの任意の整数値をとることができるので，この差は当然，偶然的なものである．しかし，容易にわかるように，n が大きくなると，この差が 0 から大きくずれる可能性は少なくなる．それどころか，正の数 ε をどれほど小さくとっても，たとえば 0.0001 あるいは 0.000001 としても，n が十分大きければ，差の絶対値 $|\mu/n-p|$ が ε 以下になる確率は大きくなる．

J. ベルヌーイ自身はこの定理 (彼はそれを主要提案と名づけた) によって，つぎの問題に答えた：事象 A の起こる回数の全体の試行回数に対する比が，あらかじめ決められた範囲内にある確率が，この範囲外にある確率の c 倍 (c は与えられた数で，たとえば $c=1000, 10000, 100000$) 以上になるためには，試行回数をどれだけ多くしなければならないか．

ベルヌーイの証明は，2 項係数の簡単な性質を調べ，上で述べた二つの対立する事象の 2 項確率の値をくらべる方法で行われた．ここで，この定理を現代的に定式化し，その証明をしよう．

4.2 大数の法則 (ベルヌーイの定理)

大数の法則 (ベルヌーイの定理): n 回の独立な試行において, 事象 A は μ 回起こるとする. A の起こる確率が一定で, それを p とすると, 任意の正数 ε に対して, n を十分大きくとると, $\mu/n - p$ の絶対値が ε より小さくなる確率は, いくらでも 1 に近くなる.

この定理は, つぎの形に書くことができる: $\varepsilon > 0$ と $\eta > 0$ がどのような値であっても, n が十分大きいとき, つぎの不等式が成り立つ:

$$P(|\mu/n - p| < \varepsilon) \geqq 1 - \eta. \tag{4.4}$$

ベルヌーイの定理を証明する前に, つぎの和を計算しておこう:

$$\sum_{m=0}^{n} P_n(m), \quad \sum_{m=0}^{n} m P_n(m), \quad \sum_{m=0}^{n} m^2 P_n(m).$$

最初の和は, 前節ですでに求めた:

$$\sum_{m=0}^{n} P_n(m) = 1. \tag{4.5}$$

つぎの和は,

$$\sum_{m=0}^{n} m P_n(m) = \sum_{m=1}^{n} m P_n(m) = \sum_{m=1}^{n} m \frac{n!}{m!(n-m)!} p^m q^{n-m}$$

$$= \sum_{m=1}^{n} \frac{n!}{(m-1)!(n-m)!} p^m q^{n-m}$$

$$= np \sum_{m=1}^{n} \frac{(n-1)!}{(m-1)!(n-m)!} p^{m-1} q^{n-m}$$

$$= np \sum_{m=1}^{n} {}_{n-1}C_{m-1}\ p^{m-1} q^{n-m}$$

$$= np \sum_{k=0}^{n-1} {}_{n-1}C_k\ p^k q^{(n-1)-k}.$$

最後の式の中の和は, 式 (4.5) で n のかわりに $n-1$ とおけば求めることができ, その値は 1 である. そこで,

$$\sum_{m=0}^{n} m P_n(m) = np. \tag{4.6}$$

最後の和は,
$$\sum_{m=0}^{n} m^2 P_n(m) = \sum_{m=1}^{n} m(m-1+1) P_n(m)$$
$$= \sum_{m=0}^{n} m P_n(m) + \sum_{m=1}^{n} m(m-1) P_n(m).$$

この二つの和のうちの最初のものは,(4.6) により np である.したがって
$$\sum_{m=0}^{n} m^2 P_n(m) = np + \sum_{m=1}^{n} m(m-1) \frac{n!}{m!(n-m)!} p^m q^{n-m}$$
$$= np + \sum_{m=2}^{n} m(m-1) \frac{n!}{m!(n-m)!} p^m q^{n-m}$$
$$= np + n(n-1)p^2 \sum_{m=2}^{n} \frac{(n-2)!}{(m-2)!(n-m)!} p^{m-2} q^{n-m}$$
$$= np + n(n-1)p^2 \sum_{k=0}^{n-2} \frac{(n-2)!}{k!(n-2-k)!} p^k q^{(n-2)-k}.$$

ここでの最後の式の和は,(4.2) または (4.5) において,n のかわりに $n-2$ とおけば求めることができ,
$$\sum_{k=0}^{n-2} \frac{(n-2)!}{k!(n-2-k)!} p^k q^{(n-2)-k} = \sum_{k=0}^{n-2} {}_{n-2}C_k \, p^k q^{(n-2)-k} = 1$$

となる.したがって,$np + n(n-1)p^2 = n^2 p^2 + np(1-p)$ と変形できるので,
$$\sum_{m=0}^{n} m^2 P_n(m) = n^2 p^2 + npq. \tag{4.7}$$

以上の結果を使って,大数の法則を証明しよう.偶然事象 $|\mu/n - p| < \varepsilon$ と $|\mu/n - p| \geqq \varepsilon$ とは,互いに余事象だから,
$$P(|\mu/n - p| \geqq \varepsilon) = 1 - P(|\mu/n - p| < \varepsilon).$$

確率の加法定理によって,

$$P(|\,\mu/n-p\,|\geqq\varepsilon)=\sum P_n(m)$$

と書くとき，右辺の和において m は，$|\,m/n-p\,|\geqq\varepsilon$ を満足するすべての値をとる．この m の値に対しては

$$\frac{\left(\dfrac{m}{n}-p\right)^2}{\varepsilon^2}\geqq 1.$$

したがって，

$$P(|\mu/n-p\,|\geqq\varepsilon\,)\leqq\sum\frac{\left(\dfrac{m}{n}-p\right)^2}{\varepsilon^2}P_n(m).$$

この和において，m は前と同様に $|\mu/n-p\,|\geqq\varepsilon$ を満足するすべての値をとる．この和は，m が 0 から n までのすべての値をとるとき，明らかにさらに増加する．それゆえ式 (4.5), (4.6), (4.7) を用いると，

$P(|\,\mu/n-p\,|\geqq\varepsilon\,)$

$$\leqq\sum_{m=0}^{n}\frac{\left(\dfrac{m}{n}-p\right)^2}{\varepsilon^2}P_n(m)=\frac{1}{n^2\varepsilon^2}\sum_{m=0}^{n}(m-np)^2 P_n(m)$$

$$=\frac{1}{n^2\varepsilon^2}\Big(\sum_{m=0}^{n}m^2 P_n(m)-2np\sum_{m=0}^{n}mP_n(m)+n^2p^2\sum_{m=0}^{n}P_n(m)\Big)$$

$$=\frac{1}{n^2\varepsilon^2}\left(n^2p^2+npq-2n^2p^2+n^2p^2\right)=\frac{pq}{n\varepsilon^2}$$

が成り立ち，これから目的の式

$$P(|\,\mu/n-p|<\varepsilon\,)=1-P(|\,\mu/n-p\,|\geqq\varepsilon\,)\geqq 1-\frac{pq}{n\varepsilon^2} \qquad (4.8)$$

が得られる．この式から，任意の正の数 ε に対し，n を十分大きくすれば，明らかに確率 $P(|\mu/n-p|<\varepsilon)$ をいくらでも 1 に近くすることができる．これで大数の法則 (ベルヌーイの定理) は証明された．

　J. ベルヌーイはこの定理に対して，数値による実例をつけている．その一つを考察してみよう．

[例 1] （ベルヌーイの問題）　箱の中に白球と黒球が入っている．白球の割合は 3/5, 黒球の割合は 2/5 である．したがって，箱から白球が取り出される確率は 3/5, 黒球が取り出される確率は 2/5 である．また，取り出した球は毎回元へ戻す．白球が取り出される確率を $p = 3/5$ で，$\varepsilon = 1/50$ とし，白球の取り出される回数を μ, 事象 $\left\{\left|\dfrac{\mu}{n} - p\right| \leq \varepsilon\right\}$ の確率を P_0 とする．あらかじめ決められた数 c に対してベルヌーイは，

$$\frac{P_0}{1 - P_0} > c \quad \text{すなわち} \quad P_0 > 1 - \frac{1}{c+1}$$

となる n を求めた．$c = 1000, 10000, 100000$ のとき，彼の計算では，必要な試行回数 n はそれぞれ，25550, 31258, 39966 となった．こうして得られた n の値は大きすぎる．より満足できる試行回数 n の近似値は，ド・モアブル-ラプラスの近似定理によって得られる (4.5 節参照)．

[例 2]　前節の例 3 において，400 人の生まれる子どものなかで，男の子の生まれる数が，そのもっとも確からしい値 $np = 200$ から，20 以上外れる確率を計算した．この確率は和の形で与えられた．ここで，その和の値を評価できる．すなわち，$n = 400$, $p = 0.5$ だから，

$$P_0 = P(|\mu - np| < 20) = P(|\mu/n - p| < 20/n) = P(|\mu/n - p| < 1/20)$$

となるから，不等式 (4.8) から

$$P_0 \geq 1 - \frac{pq}{n\varepsilon^2} = 1 - \frac{1}{4 \cdot 400 (1/20)^2} = 1 - \frac{1}{4} = \frac{3}{4}.$$

もしも，生まれる子どもの数が $n = 10000$ ならば，男の子の生まれる数が $np = 5000$ から 10 % 以上外れない確率は，不等式 (4.8) によって 0.99 より大きい．

演習問題 4.2

1. 4.1 節の演習問題 4 のグラフ (図 35, 184 ページ) を，ベルヌーイの定理を用いて説明せよ．

2. サイコロを 6000 回振って，6 の目が 500 回以下となる確率はどれほどか？

3. n, ε の値が与えられたとき，ベルヌーイの定理の証明で使われている確率 $P(|\mu/n - p| < \varepsilon)$ が 1 からもっとも離れた値になるのは，p, q のどんな値のときか？

4.3 ポアソンの定理

　この節とつぎの節では，2 項分布の確率に対する極限定理を証明する．それは $n \to \infty$ のときのベルヌーイの公式の近似式である．この近似式は，n が十分大きいとき，確率 $P_n(m)$ を計算するための適切な式と考えられている．しかし，その確率論における役割は，けっしてそれだけに尽きるものではない．

　はじめに，p の値が 0 に近く（したがって q は 1 に近い），n が非常に大きい場合を考えよう（p が 1 に近い場合も，同様に考えることができる）．ベルヌーイの公式における $P_n(m) = {}_nC_m\, p^m q^{n-m}$ を，n 回のベルヌーイ試行において m 回成功する確率と考えることからしばらく離れて，$n \to \infty$ のとき p は n に依存し，$p = p(n)$ は 0 に近づくが，$np(n)$ はある有限値 $\lambda\,(>0)$ に近づくものと仮定する．この条件のもとで，つぎの定理が成り立つ．それは 1837 年にフランスの数学者 S. ポアソンによって証明され，発表されたものである．

ポアソンの定理． $n \to \infty$ のとき $p(n) \to 0,\ np(n) \to \lambda\ (\lambda > 0)$ となるならば，任意の m に対して，$n \to \infty$ のとき
$$ {}_nC_m\, p^m q^{n-m} \sim e^{-\lambda}\, \frac{\lambda^m}{m!}. $$

　原則的なことがらの理解を重視し，数式の計算を厳密に遂行することを二の次にして，定理の証明をおこなおう．

　固定された値 n, m に対し，比 $P_n(m+1)/P_n(m)$ を考えると，式 (4.3) から
$$ \frac{P_n(m+1)}{P_n(m)} - \frac{n-m}{m+1} \cdot \frac{p}{q}. \tag{4.9} $$

固定された任意の k $(1 \leqq k \leqq n)$ に対し,明らかに,

$$\frac{P_n(k)}{P_n(0)} = \frac{P_n(k)}{P_n(k-1)} \cdot \frac{P_n(k-1)}{P_n(k-2)} \cdots \frac{P_n(2)}{P_n(1)} \cdot \frac{P_n(1)}{P_n(0)} = \prod_{m=0}^{k-1} \frac{P_n(m+1)}{P_n(m)} \tag{4.10}$$

が成り立つ.ここで,$P_n(0) = q^n$.

式 (4.9) から

$$\frac{P_n(m+1)}{P_n(m)} = \frac{n(1-\frac{m}{n})p}{(m+1)(1-p)} = \frac{np(1-\frac{m}{n})}{(m+1)(1-p)}$$

となり,$\lambda = np$ とおくと $p = \lambda/n$ であり,

$$\frac{P_n(m+1)}{P_n(m)} = \frac{\lambda}{m+1} \cdot \frac{1-\frac{m}{n}}{1-\frac{\lambda}{n}}.$$

λ を固定し,p は小さく,n は大きい(たとえば,$n = 100$, $p = 0.01$, $\lambda = 1$)と考える.そうすると,$n \to \infty$ のときの近似式

$$\frac{P_n(m+1)}{P_n(m)} \sim \frac{\lambda}{m+1} \tag{4.11}$$

および

$$P_n(0) = (1-p)^n = \left(1 - \frac{\lambda}{n}\right)^n \sim e^{-\lambda} \tag{4.12}$$

が得られる(最後の近似式は,よく知られている極限公式 $\lim_{n\to\infty}\left(1+\frac{a}{n}\right)^n = e^a$ から導かれる).

式 (4.10) に戻ると,(4.11) から

$$\frac{P_n(k)}{P_n(0)} \sim \prod_{m=0}^{k-1} \frac{\lambda}{m+1} = \frac{\lambda^k}{k!}$$

となり,最後に (4.12) から

$$P_n(k) \sim e^{-\lambda} \frac{\lambda^k}{k!} \tag{4.13}$$

が得られる.

式 (4.13) は 2 項分布の確率に対する**ポアソンの近似式**と呼ばれている．式 (4.13) を使って確率を計算するときは，e^x の関数表や階乗の対数表を使うとよい．

[例 1]　$n = 100$, $p = 0.01$ の場合のベルヌーイ試行を考える．$m = 5$ のとき
$$\log_{10}\left({}_{100}C_5\, 0.01^5\, 0.99^{95} \right) = -2.5380,$$
よって
$$P_{100}(5) = 0.0029.$$
この場合，$\lambda = 1$ だから $\log_{10} \dfrac{e^{-1}}{5!} = -2.5135$．したがって，
$$e^{-1} \frac{1}{5!} = 0.0031.$$

[例 2]　誕生日の問題．500 人の生徒からなる学年で，k 人がある決められた日，たとえば 6 月 1 日に生まれた確率を求めよう．500 人の生徒のおのおのが 1 年 365 日のいずれかの日に偶然生まれたとすると，$n = 500$, $p = 1/365$ のときのベルヌーイの公式を使うことになる．求める確率は
$$P_{500}(k) = {}_{500}C_k \left(\frac{1}{365}\right)^k \left(\frac{364}{365}\right)^{500-k}$$
となるから，近似式はポアソンの定理によって
$$\Pi(k) = e^{-\lambda}\, \frac{\lambda^k}{k!}$$
となる．ここで，$\lambda = 500/365 = 1.3699$．2 項分布の確率とその近似式の値を比較するための，いくつかの k の値に対する表をつぎに示す．

k	0	1	2	3	4	5	6
$P_{500}(k)$	0.2537	0.3484	0.2388	0.1089	0.0372	0.0101	0.0023
$\Pi(k)$	0.2541	0.3481	0.2385	0.1089	0.0373	0.0102	0.0023

演習問題 4.3

1. つぎの不等式を証明せよ．
$$\frac{\lambda^k}{k!}\left(1-\frac{k}{n}\right)^k\left(1-\frac{\lambda}{n}\right)^{n-k} \leq P_n(k) \leq \frac{\lambda^k}{k!}\left(1-\frac{\lambda}{n}\right)^n.$$
ヒント：$A_n^k = \dfrac{n!}{(n-k)!}$ に対するつぎの評価式を用いよ．
$$(n-k+1)^k \leq A_n^k \leq n^k$$

2. 比 $P_n(k)/\Pi(k)$ は，k が変化するとき，最初は増加し，k が $\lambda+1$ を越えない最大の整数値のときに最大値に達し，その後は減少することを証明せよ．ただし，$\Pi(k) = e^{-\lambda}\dfrac{\lambda^k}{k!}$ ．

3. 500 ページの本に 500 個のミスプリントがある．どの文字もミスプリントされる確率は同程度と仮定して，ある指定されたページが 3 個以上のミスプリントを含まない確率を求めよ．

4.4
直線上のランダム・ウォークの確率に対する近似式

この節では，2 項分布の確率
$$P_n(m) = {}_nC_m \frac{1}{2^n} \tag{4.14}$$
の近似式を導こう．この 2 項分布の確率は，ベルヌーイの公式において，$p=q=1/2$ の場合である．$p=q=1/2$ のベルヌーイ試行を対称なベルヌーイ試行という．確率 (4.14) は，1.5 節において，直線上のランダム・ウォークを数学的に表現するさい，最初の n 単位時間に m だけ移動する確率として，はじめて現れたことを想い出してほしい (式 (1.5) を参照)．そこではゴールトン盤が説明のために使われた．ゴールトン盤は直線上のランダム・ウォークを実現させる道具であるだけでなく，対称なベルヌーイ試行の説明にも使える装置である．ゴールトン盤の理論的根拠はパスカルの三角形である (1.5 節，図 8 を参照)．n 段から構成されているゴールトン盤では，各部屋へ落ちるボールの期待数は

4.4 直線上のランダム・ウォークの確率に対する近似式

$$_nC_0, \ _nC_1, \ldots, \ _nC_m, \ldots, \ _nC_n$$

であるが，これはパスカルの三角形の n 段目に並んでいる数である．おのおのの値を，それらの和である 2^n で割ると，2 項分布の確率 $P_n(m) = {}_nC_m \, 2^{-n}$ が得られる．この確率の近似式を求めよう．ここでは便宜上，確率を表す式の添え字 n を省略して，$P(m)$ と書くことにする：$P(m) = P_n(m)$．

確率 $P(m)$ を最大にする m の値 m^* が，ただ一つである場合を考える．そのために n は偶数と仮定する．つまり，$n_1 = n/2$ が整数になる場合を考える．そのとき，$m^* = n_1$ であり，$P(n_1)$ が最大の確率になる．

$m = n_1 + l$ とおいて，n_1 が増加していくとき，比 $\dfrac{P(n_1 + l)}{P(n_1)}$ がどのように変化するかを考えよう．そのために，固定した n_1, l に対して，この比をつぎのように積の形に表す (4.3 節で，ポアソンの公式を導くさいに，そのようにした)．

$$\frac{P(n_1 + l)}{P(n_1)} = \frac{P(n_1 + l)}{P(n_1 + l - 1)} \cdot \frac{P(n_1 + l - 1)}{P(n_1 + l - 2)} \cdots \frac{P(n_1 + 2)}{P(n_1 + 1)} \cdot \frac{P(n_1 + 1)}{P(n_1)}$$

$$= \prod_{k=0}^{l-1} \frac{P(n_1 + k + 1)}{P(n_1 + k)}.$$

この等式の両辺の自然対数をとると，式

$$\log \frac{P(n_1 + l)}{P(n_1)} = \sum_{k=0}^{l-1} \log \frac{P(n_1 + k + 1)}{P(n_1 + k)} \tag{4.15}$$

が得られる．あとの計算の便宜上，関数 $f(k) = \log P(n_1 + k)$ を導入し，$\Delta f_k = f(k+1) - f(k)$ とおく．そうすると，式 (4.15) は

$$f(l) - f(0) = \sum_{k=0}^{l-1} \Delta f_k \tag{4.16}$$

と書くことができる．Δf_k を計算するために，比 $\dfrac{P(n_1 + k + 1)}{P(n_1 + k)}$ を求める．式 (4.3) から

$$\frac{P(l+1)}{P(l)} = \frac{n - l}{l + 1} \cdot \frac{p}{q}$$

となるので，$n = 2n_1$, $p = q = 1/2$, $l = n_1 + k$ のとき，この比は

$$\frac{P(n_1 + k + 1)}{P(n_1 + k)} = \frac{n_1 - k}{n_1 + k + 1}$$

となり，

$$\Delta f_k = \log\Bigl(1 - \frac{k}{n_1}\Bigr) - \log\Bigl(1 + \frac{k+1}{n_1}\Bigr)$$

が得られる．

さらに関数 $f(k)$ とともに，関数 $h(k) = -k^2/n_1$ を考え，$\Delta h_k = h(k+1) - h(k)$ とおくと，

$$\Delta h_k = -\frac{2k+1}{n_1}.$$

式 (4.16) に戻り，$\delta(k) = \Delta f_k - \Delta h_k$ とおくと，

$$f(l) - f(0) = \sum_{k=0}^{l-1} \Delta f_k = \sum_{k=0}^{l-1} \Delta h_k + \sum_{k=0}^{l-1} \delta(k)$$

が得られる．明らかに

$$\sum_{k=0}^{l-1} \Delta h_k = h(l) - h(0) = -\frac{l^2}{n_1}$$

だから，

$$f(l) - f(0) = -\frac{l^2}{n_1} + \sum_{k=0}^{l-1} \delta(k)$$

である．

こうして，比 $\dfrac{P(n_1 + l)}{P(n_1)}$ に対して，式

$$\log \frac{P(n_1 + l)}{P(n_1)} = -\frac{l^2}{n_1} + R(l)$$

あるいは，

$$P(n_1 + l) = P(n_1)\, e^{-\frac{l^2}{n_1} + R(l)} \tag{4.17}$$

が得られる．ここで，$R(l) = \sum_{k=0}^{l-1} \delta(k)$，

$$\delta(k) = \left[\log\left(1 - \frac{k}{n_1}\right) + \frac{k}{n_1}\right] - \left[\log\left(1 + \frac{k+1}{n_1}\right) - \frac{k+1}{n_1}\right]$$

である.

$R(l)$ を精密に評価するためには,さらに詳しい解析学の知識が必要になる.ここでは,$n \to \infty$ のとき $|R(l)| \to 0$ となり,したがって $l \leqq \frac{n_1}{2}$ に対し $e^{R(l)} \sim 1 + C/\sqrt{n_1}$ となるという結論だけを指摘しておこう.ここで,C はある定数である.

ここで求めた式

$$P(n_1 + l) \sim P(n_1) e^{-\frac{l^2}{n_1}} \left(1 + C/\sqrt{n_1}\right)$$

は,確率が最大になる値 n_1 から遠ざかるにつれて,2 項分布の確率が,最大値 $P(n_1)$ とくらべて減少して行く様子を示している.$P(n_1 - m)$ に対しても,同様な式が得られる.

スターリングの公式 (1.9 節) から,$n = 2n_1$ が十分大きいとき,近似式

$$P(n_1) = {}_{2n_1}C_{n_1}\left(\frac{1}{2}\right)^{2n_1} \sim \frac{1}{\sqrt{\pi n_1}},$$

$$P(n_1 + l) \sim \frac{1}{\sqrt{\pi n_1}} e^{-\frac{l^2}{n_1}} \left(1 + \frac{C}{\sqrt{n_1}}\right)$$

が得られる.したがって,$0 \leqq m \leqq n$, $|m - n/2| \leqq n_1/4$ を満たす任意の m に対し

$$P_n(m) \sim \frac{1}{\sqrt{\pi(n/2)}} e^{-\frac{(m-\frac{n}{2})^2}{n/2}} \left(1 + \frac{C}{\sqrt{n/2}}\right) \tag{4.18}$$

が成り立つ.

ここで関数

$$\varphi(x) = \frac{1}{\sqrt{2\pi}} e^{-\frac{x^2}{2}}$$

を考える.この関数は,すべての実数 x に対して定義され,偶関数である:$\varphi(x) = \varphi(-x)$.この関数は,$x = 0$ で最大になり,最大値は $1/\sqrt{2\pi}$ である.この関数の値は $x \to -\infty$ および $x \to \infty$ のとき,急速に減少して 0 に近づく.

この関数 $\varphi(x)$ を使うと，近似式 (4.18) をつぎの形に書くことができる．

$$P_n(m) \sim \frac{1}{\sqrt{n/4}} \varphi\Big(\frac{m-n/2}{\sqrt{n/4}}\Big)\Big(1 + \frac{C}{\sqrt{n/2}}\Big). \qquad (4.19)$$

この最後の近似式からつぎのことがわかる．すなわち，$P_n(m) = {}_nC_m/\,2^n$ のグラフにおいて，各点 $m\,(m=0,1,\ldots,n)$ が点 $x_m = \dfrac{m-n/2}{\sqrt{n/4}}$ に移るように OX 軸の目盛りを変更すると，$P_n(m)$ は $\dfrac{1}{\sqrt{n/4}}\varphi(x_m)$ に近い値に変わり，しかも x_m の隣りあう点のあいだの距離は $\dfrac{1}{\sqrt{n/4}}$ に等しくなる．実際，

$$\Delta x_m = x_{m+1} - x_m = \frac{m+1-n/2}{\sqrt{n/4}} - \frac{m-n/2}{\sqrt{n/4}} = \frac{1}{\sqrt{n/4}}$$

が成り立つ．

このことは，ゴールトン盤に対して，つぎのような実際的意味をもっている：ボールが通り抜けることになっている尖端の数が非常に多く，ボールが収容される部屋のあいだの間隔が狭いならば，各部屋に入っているボールの一番上の点を結ぶと，曲線 $\varphi(x)$ のかなりよい近似曲線が得られる．図 9 と図 35(184 ページ) が，この現象を説明している．図 9 では，$P_n(m)$ を示す棒グラフの上端を結ぶと，その近似曲線が得られ，n が大きくなると，近似はますますよくなる．図 20 では 2 項分布の確率 $P_n(m)$ を点 n_1+m に関係づけて，つまり確率 $P_n(n_1+m)$ を，空間的広がりの中で描いてある．このような分布は，分布の中心が「零」であることから，「零中心の」2 項分布と呼ぶことができる．n が 4 から 40 まで変わるときのこの分布が，図 21 に描いてあるが，それを関数 $\varphi(x) = \dfrac{1}{\sqrt{2\pi}} e^{-\frac{x^2}{2}}$ (正規分布の密度関数，87 ページを参照) のグラフと比較して見てほしい．

最後に，直線上の粒子のランダム・ウォークの特徴について考えよう．それは 1.5 節の終わりで述べたものである．そこでは，ランダム・ウォークを特徴づけるものは，つぎの二つであった．すなわち，通過距離の平均値および通過距離の平均値からの差の 2 乗の平均値である．前者は，確率の最大になる値 $n/2$

4.4 直線上のランダム・ウォークの確率に対する近似式   83

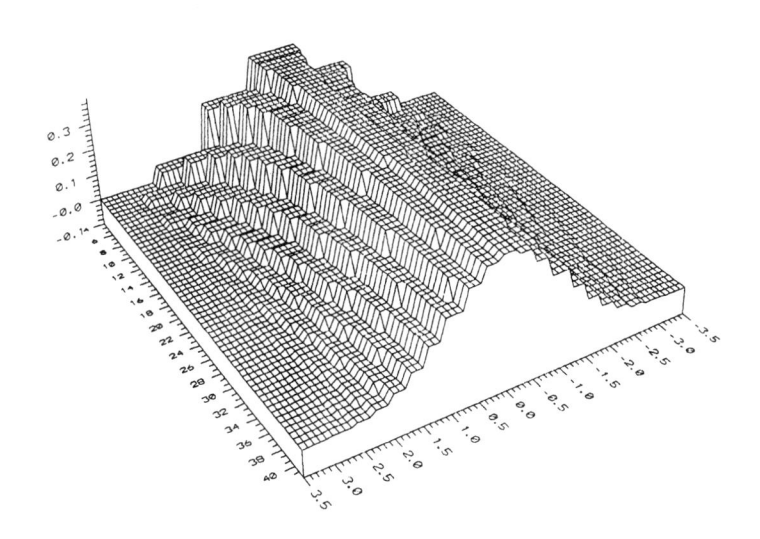

図 20 $n = 4, 6, 8, \cdots, 40$ のときの確率 $P_n(m)$ のグラフ.

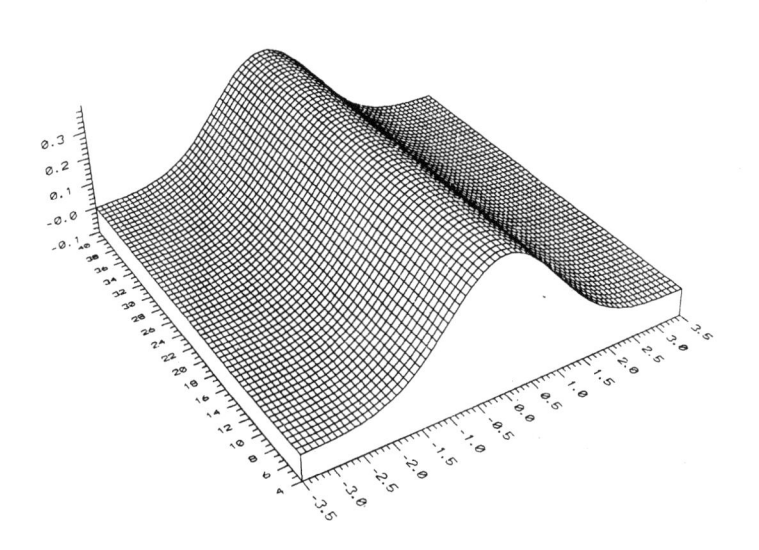

図 21 正規分布の密度の空間的説明.

と一致し，後者は $\sqrt{n/4}$ である．これらは，上述の近似式 (4.19) から求めることができる．

4.5
ド・モアブル–ラプラスの定理

対称な 2 項分布，すなわち $p = q = 1/2$ の 2 項分布の，$n \to \infty$ のときの近似式

$$P_n(m) = \frac{{}_nC_m}{2^n} \sim \frac{1}{\sqrt{\pi(n/2)}} e^{-\frac{2(m-\frac{n}{2})^2}{n}} \tag{4.20}$$

は，イギリスの数学者 A. ド・モアブルによって，1730 年に証明された．n が一定のとき，この式の右辺は，関数 $ae^{-\left(\frac{x-b}{c}\right)^2}$ (a, b, c は定数) の，$x = m$ における値である．この近似式 (4.20) を証明する基本的手段は，スターリングの公式を使うものであるが，ド・モアブルは，それとは無関係に証明した．すでに明らかにされているが，ド・モアブルは，一般の場合の $P_n(m)$ の近似式も求めている．あとになって，フランスの数学者 P.S. ラプラスは，1812 年に，$0 < p < 1$ という一般の場合に，近似式

$$P_n(m) = {}_nC_m p^m (1-p)^{n-m} \sim \frac{1}{\sqrt{2\pi np(1-p)}} e^{-\frac{(m-np)^2}{2np(1-p)}}$$

を厳密に証明したが，それは $p = 1/2$ の場合には，式 (4.20) と一致する．

もし $x_m = \dfrac{m - np}{\sqrt{np(1-p)}}$ とおいて，関数

$$\varphi(x) = \frac{1}{\sqrt{2\pi}} e^{-\frac{x^2}{2}}$$

をふたたび考えると，上の式は

$$P_n(m) \sim \frac{1}{\sqrt{np(1-p)}} \varphi(x_m)$$

という形に書くことができる．ここで，厳密に定式化して証明しよう．

4.5 ド・モアブル－ラプラスの定理

ド・モアブル-ラプラスの定理. $0 < p < 1, q = 1 - p$ とし, $n \to \infty$ のとき $\dfrac{\Delta_n}{(npq)^{2/3}} \to 0$ となるような Δ_n に対して, m は $|m - np| \leqq \Delta_n$ を満足するとする. このようなすべての m に対して, $n \to \infty$ のとき,
$$P_n(m) \sim \frac{1}{\sqrt{2\pi npq}}\, e^{-\frac{(m-np)^2}{2npq}}. \tag{4.21}$$

この定理の証明は, 主に $_nC_m$ の近似式を求めるためのスターリングの公式にもとづいている. (式 (1.14) 参照):
$$A_1 \psi(n, m) \leqq \,_nC_m \leqq A_2 \psi(n, m)$$
ただし,
$$\log A_1 = -\frac{1}{12m} - \frac{1}{12(n-m)}, \quad \log A_2 = \frac{1}{12n}$$
$$\psi(n, m) = \sqrt{\frac{n}{2\pi m(n-m)}} \cdot \frac{n^n}{m^m (n-m)^{n-m}}.$$

これらの式を使うと, $P_n(m)$ に対する, つぎの不等式が得られる:
$$A_1 \sqrt{\frac{n}{2\pi m(n-m)}} \left(\frac{np}{m}\right)^m \left(\frac{nq}{n-m}\right)^{n-m}$$
$$< P_n(m) < A_2 \sqrt{\frac{n}{2\pi m(n-m)}} \left(\frac{np}{m}\right)^m \left(\frac{nq}{n-m}\right)^{n-m}.$$

ここで, 式
$$F = \log\left[\left(\frac{np}{m}\right)^m \left(\frac{nq}{n-m}\right)^{n-m}\right]$$
$$= -(np + \delta) \log\left(1 + \frac{\delta}{np}\right) - (nq - \delta) \log\left(1 - \frac{\delta}{nq}\right)$$

を考える. ただし, $\delta = m - np$ である.

以後の証明では, 関数 $\log(1+t)$ の多項式による近似が使われる:
$$\log(1 + t) \sim t - \frac{t^2}{2} + \frac{t^3}{3} - \cdots + (-1)^{n-1} \frac{t^n}{n}$$

ここで n は正の整数で, $-1 < t \leqq 1$ とする.

ここでは，この章の基本的な目的からそれるので，証明の解析的部分は省略するが，この級数に定理の条件を当てはめる．

対数関数の展開を3次までに限定すると，$|\delta| \leqq np, |\delta| \leqq nq$ のとき

$$F \sim -\frac{\delta^2}{2n}\Big(\frac{1}{p}+\frac{1}{q}\Big) + \frac{\delta^3}{6n^2}\Big(\frac{1}{p^2}-\frac{1}{q^2}\Big)$$

が得られ，δ が $n^{2/3}$ より小さいとき（すなわち $\delta^3/n^2 \to 0$ $(n\to\infty)$ のとき）$F \sim -\dfrac{\delta^2}{2npq}$ となる．こうして，$n\to\infty$ のとき，$\log A_1 \sim 1, \log A_2 \sim 1$ で，$\log\sqrt{\dfrac{n}{2\pi m(n-m)}} \sim \log\dfrac{1}{\sqrt{2\pi npq}}$ となることから，結局，式 (4.21) すなわち

$$P_n(m) \sim \frac{1}{\sqrt{2\pi npq}}\, e^{-\frac{\delta^2}{2npq}}, \quad \delta = m-np$$

が得られる．

式 (4.21) を使うと，$\sum_{m=m_1}^{m_2} P_n(m)$ の形の2項分布の確率の和の近似式が得られる．これは n 回のベルヌーイ試行において，成功の回数が m_1 回以上，m_2 回以下となる確率を表している（$m_1 < m_2$）．この近似式は，**ド・モアブル-ラプラスの積分形極限定理** と呼ばれている：

$$\sum_{m=m_1}^{m_2} P_n(m) \sim \frac{1}{\sqrt{2\pi}}\int_a^b e^{-\frac{x^2}{2}}\,dx,\ a=\frac{m_1-np}{\sqrt{npq}},\ b=\frac{m_2-np}{\sqrt{npq}}. \quad (4.22)$$

式 (4.22) の左辺と右辺との差は，p $(0<p<1)$ が一定ならば，$n\to\infty$ のとき，a,b にかんして一様に 0 に近づく．

式 (4.22) が成り立つことを納得するために，つぎの考察をしよう．ド・モアブル-ラプラスの定理 (4.21) を使うと，式 (4.22) の左辺の和の近似式

$$\sum_{m=m_1}^{m_2} P_n(m) \sim \sum_{m=m_1}^{m_2} \frac{1}{\sqrt{2\pi npq}}\, e^{-\frac{(m-np)^2}{2npq}} \quad (4.23)$$

が得られる．ここで，関数 $\varphi(x) = \dfrac{1}{\sqrt{2\pi}}e^{-\frac{x^2}{2}}$ と記号 $x_m = \dfrac{m-np}{\sqrt{npq}}$ を導入すると，式 (4.23) の右辺は，$\sum_{m=m_1}^{m_2}\dfrac{1}{\sqrt{npq}}\varphi(x_m)$ の形に書ける．$m=$

$m_1, m_1+1, \ldots, m_2-1, m_2$ に対して，点 $x_{m_1} = a, x_{m_1+1}, \ldots, x_{m_2-1}, x_{m_2} = b$ が対応し，x_m の隣り合う点の間隔は，すべての m に対して一定である．すなわち，

$$\Delta x_m = x_{m+1} - x_m = \frac{m+1-np}{\sqrt{npq}} - \frac{m-np}{\sqrt{npq}} = \frac{1}{\sqrt{npq}}.$$

このことから，式 (4.23) は

$$\sum_{m=m_1}^{m_2} P_n(m) \sim \sum_{m=m_1}^{m_2} \varphi(x_m) \Delta x_m \tag{4.24}$$

という新しい形の式で書くことができる．ここで右辺の和は，区間 $[a, b]$ の点 x_m による分割点全体にわたって加えられる．$n \to \infty$ のとき $\Delta x_m \to 0$ となるので，式 (4.24) の和は，関数 $\varphi(x)$ の $[a, b]$ 上での定積分によって近似できる．すなわち，

$$\sum_{m=m_1}^{m_2} P_n(m) \sim \int_a^b \varphi(x) \, dx \tag{4.25}$$

（ここでは，式 (4.24) の右辺の極限としての積分が，区間 $[a, b]$ の分割に無関係に存在するという問題には触れない．）

式 (4.25) の右辺の定積分は，x 軸を底辺とし，関数 $\varphi(x)$ のグラフを上の境界とする図形の，$x = a$ から $x = b$ までの面積を表している（図 22）．

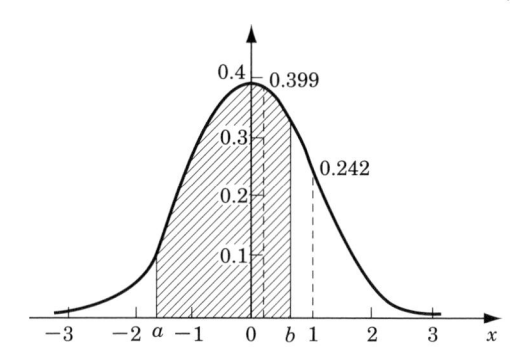

図 22　正規分布の密度関数 $\varphi(x) = \frac{1}{\sqrt{2\pi}} e^{-x^2/2}$．斜線部分の面積は $\int_a^b \varphi(x) \, dx$ に等しい．

この近似式の右辺の積分は，半直線 $(-\infty, t]$ 上にあって，曲線 $\varphi(x)$ の下の図形の面積に等しい値である関数

$$\Phi(t) = \int_{-\infty}^{t} \varphi(x) \, dx = \frac{1}{\sqrt{2\pi}} \int_{-\infty}^{t} e^{-\frac{x^2}{2}} \, dx$$

を使って表すと，明らかに

$$\int_{a}^{b} \varphi(x) \, dx = \Phi(b) - \Phi(a)$$

となる．関数 $\Phi(t)$ の詳しい数表は，確率論や数理統計学の多くの教科書や便覧に載っている．$\Phi(t)$ は連続関数で，その値は $t \to -\infty$ のときは 0 に，$t \to \infty$ では 1 に，急速に近づいていく．変数 t と $-t$ に対する $\Phi(t)$ の値のあいだには，$\Phi(t) + \Phi(-t) = 1$ という関係がある．

ここで，$\Phi(t)$ のいくつかの値を引用しておこう：

t	0	0.5	1.0	1.5	2.0	2.5	3.0
$\Phi(t)$	0.500	0.691	0.841	0.933	0.977	0.994	0.999

(この数表は，4.2 節の演習問題 2 と 6.2 節の演習問題 4,5 において，確率の近似値を求めるのに使うことができる)．関数 $\varphi(x)$ と $\Phi(x)$ を，それぞれ**正規分布の密度関数**，**正規分布関数**という（これについては，「おわりに」(179 ページ) を参照)．

[例1] 積分による近似式 (4.25) を使うと，n 回のベルヌーイ試行において，任意の正数 ε に対して，成功の頻度 m/n の確率 p からの差が，どの程度の確率で起こるかを計算できる．それはつぎの式の値を求めることになる：

$$P\left(\left|\frac{m}{n} - p\right| \leqq \varepsilon\right) = \sum P_n(m). \quad (4.26)$$

式 (4.26) の右辺の和は，$|m/n - p| \leqq \varepsilon$ を満たすすべての m について加えられる．つまり，$\left|\dfrac{m - np}{\sqrt{npq}}\right| \leqq \varepsilon\sqrt{\dfrac{n}{pq}}$ を満たすすべての m について加えられる．ド・モアブル-ラプラスの極限定理によって，式 (4.26) の右辺は，n が十分大きいとき，近似的に積分

$$\frac{1}{\sqrt{2\pi}} \int_{-t}^{t} e^{-\frac{x^2}{2}} \, dx, \quad t = \varepsilon\sqrt{\frac{n}{pq}}$$

に等しい.

このことから，とくに，基本的結果として，4.2 節で述べたベルヌーイの定理が導かれる：

$$P\left(\left|\frac{m}{n} - p\right| \leqq \varepsilon\right) \sim \Phi(t) - \Phi(-t) \tag{4.27}$$

であり，$n \to \infty$ のとき，$t_n = \varepsilon\sqrt{\dfrac{n}{pq}} \to \infty$ だから，関数 $\Phi(t)$ の性質によって

$$P\left(\left|\frac{m}{n} - p\right| \leqq \varepsilon\right) \to 1.$$

もしも式 (4.27) を

$$P\left(\left|\frac{m}{n} - p\right| \leqq t\sqrt{\frac{pq}{n}}\right) \sim \Phi(t) - \Phi(-t) \tag{4.28}$$

の形に書くならば，ベルヌーイ試行における成功の頻度の成功の確率からの差は $\dfrac{1}{\sqrt{n}}$ の次数である，ことがわかる.

第 2 章において，硬貨を 100 回投げる例を考えた．そこでは $n = 100, p = q = 1/2$ で，

$$P(35 \leqq m \leqq 65) = 0.99822$$

あるいは

$$P(|m/n - p| \leqq 1.00) = 0.99822$$

であった．式 (4.28) を用いると，式 $\Phi(t) - \Phi(-t) = 0.99822$ から $\Phi(t) = 0.99911$ となり，$\Phi(t)$ の関数表から $t = 3.125$ となるので

$$P(|m/n - p| \leqq 1.00) \sim 0.99822$$

を導くことができる.

[例 2] ベルヌーイの問題に戻って，4.2 節の例 1 を考えてみよう．成功の頻度と確率 3/5 との差が，1/50 以下になる確率が 0.999 以上となるためには，何回の試行が必要か，という問題に答えよう．

解．ド・モアブル–ラプラスの定理を使い，例 1 の式 (4.28) を利用する．ここでは，$\varepsilon = 1/50, \Phi(t) - \Phi(-t) = 0.999$ である．$\Phi(t) + \Phi(-t) = 1$ だから，

$2\Phi(t) - 1 = 0.999$, したがって $\Phi(t) = 0.9995$. そのとき，$\Phi(t)$ の数表から $t = 3.29$ となり，$n > 6494$ となる．

　この結果は近似的なものであるが，この n の値はベルヌーイの得た値 25500 よりいちじるしく小さい (4.2 節, 例 1 参照). しかしながら，ド・モアブル-ラプラスの積分形定理における誤差が $\dfrac{1}{\sqrt{n}}$ の次数であることも考慮する必要がある．

第5章
対称なランダム・ウォーク

5.1 ランダム・ウォークについて

この章では，ランダム・ウォークの概念を説明するときに起こる問題をよりくわしく考察しよう．1.5 節ですでに述べたように，この数学モデルは自然界のある一つの現象に示唆されてつくられ，広く知られるようになった．それは，1 次元ブラウン運動や物質の粒子の拡散－ある粒子が多数の分子との衝突の結果，ランダムに位置を変えて行く－のもっとも簡単な近似的記述になっている．物理的に意味があるのは，極限の場合，つまり連続的運動の場合だけであるが，離散的に記述されるランダム・ウォークから，極限においても成り立つ結果が得られるのである．

なんらかの粒子 (動く点) が，とびとびの時刻に垂直な数直線上の整数座標の点を移動するとする．最初の時刻 $n=0$ には粒子は原点におり，時刻が $n=1,2,3,\ldots$ と変わるたびに，1 だけ上か下に変位するものとしよう．たとえば，時刻 $n=1$ には，粒子は点 $+1$ か -1 にいる．時刻 n に粒子が位置 y にいれば，つぎの時刻 $n+1$ には，時刻 n までの粒子の運動には関係なく，座標 $y+1$ または $y-1$ の点にいる．粒子の上下への運動は，毎回同程度に確からしいとする．つまり $+1, -1$ の変位のそれぞれが $1/2$ の確率で起こると仮定する．そのとき，粒子は直線上の**対称なランダム・ウォーク**をする，という．

第 5 章 対称なランダム・ウォーク

ランダム・ウォークの時間-空間座標系でのグラフを考察しよう．そこでは，横軸は時間軸であり，縦軸はいままで通り粒子の位置を表すものとする．各時刻における粒子の位置に対応する点に注目し，もっとも近い点と線分で結ぶ．そうすると，粒子の引きつづく運動において起こりうる結果は，横座標が $1, 2, 3, \ldots$ で縦座標が整数の点を頂点とする折れ線としてグラフで表すことができる．得られたグラフは，粒子の運動の軌跡である．図 23 には，時刻 $n = 41$ まで，粒子が位置：$0, 1, 2, 3, 2, 1, 2, 3, 2, 3, 4, 3, 2, 1, 0, -1, 0, -1, -2, -1, -2, -3, -4, -5, -4, -3, -4, -3, -2, -1, 0, 1, 2, 1, 2, 3, 4, 5, 6, 7, 6, 7$ にいた運動の軌跡を示している．

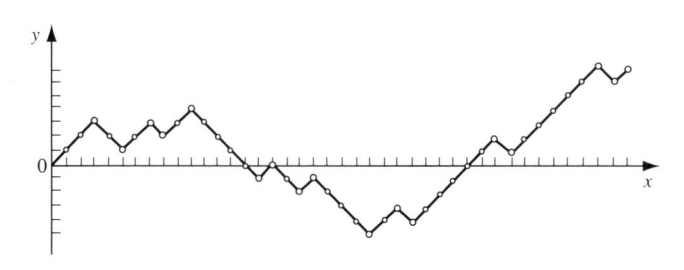

図 23　粒子の運動の軌道

観測時間 n を固定して考えると，起こりうる事象 (結果) の集合としては，原点から始まる長さ n のすべての軌道 (軌跡) の集合を考えることになる．それらは，全部で 2^n だけあり，すべて同程度に確からしいから，各軌道の確率は 2^{-n} と考えられる．こうして，対称なランダム・ウォークでは，直線上のある点の集合に粒子が到達する事象の確率は，その集合の点を終点とする軌道の個数に比例する．したがって，あれこれの事象の確率の計算にさいしては，1.5 節の組合せの公式が使える．

この章では，典型的なランダム・ウォークの問題—あるレベルに粒子が最初に到達する問題，原点への復帰の問題，直線上の正の部分に滞在する時間の問題など—を考察しよう．対称な1次元ランダム・ウォークでは，一見常識とは矛盾するようなまったく意外な例が出てくるだろう．こうした1次元ランダム・ウォークの法則は，純粋に組合せ論的性質をもっており，それはより一般的なランダム・ウォークに対しても成立するのである．

5.2 組合せ論による基礎づけ

粒子の軌道は，整数の座標をもつ点を頂点とする折れ線としてグラフで表示される．そのさい，各軌道はその頂点の座標によって一意的に決定される．こうした軌道を，原点からの**道**と呼び，この節では，一定の性質をもつ道の個数の計算を問題にする．原点から点 (x,y) までの道全体の本数を $L(x,y)$ で表そう．明らかに，1.5 節での計算に対応して x と y がともに偶数，もしくはともに奇数ならば，$y \leqq x$ のとき

$$L(x,y) = {}_xC_{\frac{x+y}{2}}. \tag{5.1}$$

($y > x$ のときには，$L(x,y) = 0$ とする)．また，明らかに，$0 \leqq x_0 < x, y_0 \leqq x_0, y \leqq x$ で，$x_0 + y_0$ と $x + y$ が偶数ならば，点 (x_0, y_0) から点 (x,y) への道の本数は，原点から点 $(x-x_0, y-y_0)$ までの道の本数 $L(x-x_0, y-y_0)$ に等しい．

この節でのすべての計算と以下の節での確率の計算は，「鏡像の原理」と呼ばれている，驚くほど簡単で，しかもすばらしい結果にもとづいている．

鏡像の原理．A, B をそれぞれ整数の座標 (x_0, y_0) と (x, y) をもつ点とし，A' を点 $(x_0, -y_0)$，つまり点 A と横軸にかんして対称な点とする．ただし，$0 \leqq x_0 < x, y_0 > 0, y > 0$ とする．そのとき，A から B への道で，横軸に接するかそれを横切るようなものの数は，点 A' から B への道の総数に等しい．

証明．横軸に接するか横切るかしている A から B への道のそれぞれに，A' から B への道をつぎのように対応させる（図 24）．A から B への道が点 C ではじめて横軸に出あうとすると，道 $A'B$ の一部 $A'C$ は，部分 AC と横軸にかんして対称であり，その鏡像となっている（図では道の新しい部分は点線で表されている）．そして，CB はそのまま道 $A'B$ の一部として留まる．横軸と

交わる A から B への道と，その鏡像である A' から B への道のこのよう対応は，明らかに 1 対 1 である．これで鏡像の原理が証明された．

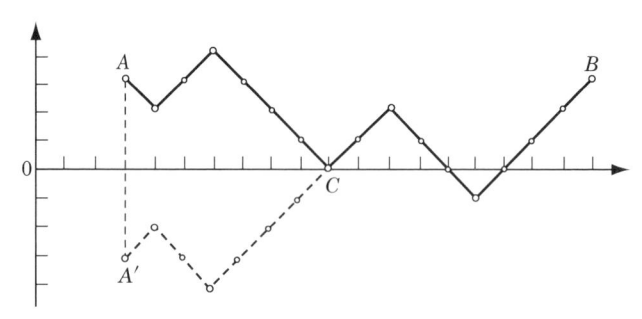

図 24　鏡像の原理

この原理によって，なんらかの要求された性質をもつ道の数を計算することは驚くほど簡単になる．各頂点が横軸よりもつねに上にあれば，そのような道を **正の道** といい，その頂点が横軸より下に来なければ，**非負の道** という．同様に，**負の道** や **非正の道** も定義できる．

問題 1．原点から点 $(x, y), 0 < y \leqq x$, への正の道の数を求めよ．

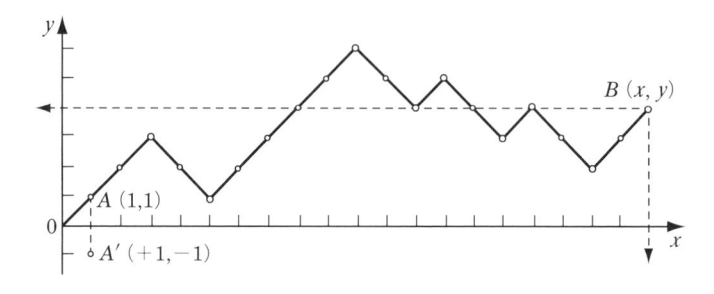

図 25　正の道の計算

解．$L(x, y)$ を $(0, 0)$ から (x, y) への道の数とする．すべての正の道は，点 $(1, 1)$ を通る（図 25）．したがって，求める数は点 $(1, 1)$ から (x, y) への正の道の数に一致する．この数は，点 $(1, 1)$ から (x, y) へのすべての道の数と点 $(1, 1)$ から (x, y) への道のうち横軸に接するか横切るものの数との差である．

それは，$(1, 1)$ から (x, y) へのすべての道の数と $(1, -1)$ から (x, y) へのすべての道の数との差でもある．つまり，$L(x-1, y-1) - L(x-1, y+1)$ に等しい．以下の計算は容易にわかるだろう．

$$L(x-1, y-1) - L(x-1, y+1)$$
$$= {}_{x-1}C_{\frac{x+y}{2}-1} - {}_{x-1}C_{\frac{x+y}{2}}$$
$$= {}_xC_{\frac{x+y}{2}}\left(\frac{x+y}{2x} - \frac{x-y}{2x}\right) = \frac{y}{x} {}_xC_{\frac{x+y}{2}} = \frac{y}{x}L(x, y).$$

対称性から，原点から点 $(x, -y), y > 0$ への負の道の数も $\frac{y}{x}L(x, y)$ に等しいことがわかる．

[例1]　問題1は，組合せ解析においては「投票の定理」として知られている．歴史的には，いわゆる投票の問題を解決した，ウイットワース (1878 年) とベルトラン (1881 年) によって初めて用いられた．2 人の候補者 R と S が，選挙でそれぞれ r 票，s 票をとったとき (ただし，$r > s$)，投票の過程で候補者 R の票が，つねに S の票を上回った可能性はどれほどか？　もちろん，問題の設定にはつぎのようないくぶん素朴な仮定が，開票の過程で満たされているものとしてよい．つまり，各選挙人は自分の票を確率 1/2 で候補者 R か S に入れるものとするのである．すべての選挙人が順番に投票し，各段階ごとに R と S に投じられた票数の差を計算する．$(r+s)$ 番目の人が投票し終わったときには，この差は $r-s$ である．こうして，この問題は $(0, 0)$ から点 $(r+s, r-s)$ への正の道の数を求めることになる．問題1の解から，この数は

$$\frac{r-s}{r+s} L(r+s, r-s)$$

に等しい．

　したがって，投票のあいだの候補者 R の S に対する継続的優勢の可能性は，この数の $L(r+s, r-s)$ に対する比によって，すなわち量 $\frac{r-s}{r+s}$ によって測られる．

[例2]　例1と同じだが，もっと親しみやすい問題を考えよう．各試合において勝つ可能性が同じである (その結果はだれにもわからないが) 2 人のチェスプ

レイヤーが 10 試合を戦う．その結果，一方のプレーヤーが 6 : 4 で勝ったとする．このとき，勝利者の勝ち数が各試合ごとにずっと敗者を上回っていた可能性はどれほどか？問題 1 と例 1 を用いれば，この事象の確率が $\dfrac{6-4}{6+4} = 0.2$ であることが容易にわかる．

問題 1 と内容的に重複するが，もう一つの重要な結果が必要になる．$(0,0)$ から (x,y) への道で，その途中の頂点の縦座標が y よりつねに小さいものを，時刻 x ではじめてレベル (高さ) y に到達する道 という．

問題 2．原点を出発して，時刻 x でレベル $y\,(>0)$ にはじめて到達する道の数は $\dfrac{y}{x}L(x,y)$ に等しいことを証明せよ．

解．条件にしたがうすべての道を考えることにし，こうした各々の道を逆向きにたどるとしよう．そのために，点 (x,y) を新しい原点とし，最初のものとは平行で逆向きの軸をもつ新しい座標系を選ぶことにする．変更された道は，あきらかに問題 1 の条件を満たす．つまり，それは新しい原点から，新しい座標系での座標 (x,y) の点に至る正の道である (図 25)．それによって，二つのタイプの道の間に 1 対 1 の対応がつく．したがって，問題 1 の結果から証明は終わる．

対称性から，時刻 x で初めてレベル $-y\,(y>0)$ に到達する道の数も，$\dfrac{y}{x}L(x,y)$ に等しい．

最後に，「鏡像の原理」の一つの簡単な結論を証明しよう．それは以下の考察に役立つだろう．

問題 3．原点を出発し，横座標 $x>1$ の点で終わる正の道の数を求めよ．

解．ここでは $(0,0)$ を出発して，横座標が同一の x で縦座標が $y>0$ の点 (x,y) 全体の集合 M で終わるようなすべての正の道の数を求めねばならない．こうしたすべての道は点 $(1,1)$ を通過する．$(1,1)$ から M への道の数は，$\sum_{y=y_0}^{x} L(x-1,y-1)$ であり，$(1,-1)$ から M への道の数は，$\sum_{y=y_0}^{x-2} L(x-1,y+1)$ である．ここで y_0 は，x が偶数ならば $y_0 = 2$ であり，x が奇数ならば，$y_0 = 1$

である．したがって，「鏡像の原理」から，$(0,0)$ から集合 M の点への正の道の数は，

$$\sum_{y=y_0}^{x} L(x-1,y-1) - \sum_{y=y_0}^{x-2} L(x-1,y+1)$$

$$= L(x-1,y_0-1) + \sum_{y=y_0+2}^{x} L(x-1,y-1) - \sum_{y=y_0}^{x-2} L(x-1,y+1)$$

$$= \begin{cases} {}_{x-1}C_{\frac{x}{2}}, & x = 偶数のとき \\ {}_{x-1}C_{\frac{x-1}{2}}, & x = 奇数のとき \end{cases} \tag{5.2}$$

に等しい．

このことから，原点から出て横座標 x の点に到る，正および負の道の数の合計は

$$\begin{array}{ll} 2\,{}_{2n-1}C_n = {}_{2n}C_n, & x = 2n \quad のとき \\ 2\,{}_{2n}C_n, & x = 2n+1 \quad のとき \end{array} \tag{5.3}$$

となることがわかる．

演習問題 5.2

1. $(0,0)$ から $(2n,0)$ への正の道の数は $\dfrac{1}{n}\,{}_{2n-2}C_{n-1}$ に等しいことを示せ．

2. $(0,0)$ から $(2n,0)$ への非負の道の数は $\dfrac{1}{n+1}\,{}_{2n}C_n$ に等しいことを示せ．

3. 長さ $2n$ の非負の道の数は ${}_{2n}C_n$ に等しいことを示せ．

4. 時刻 $2n-y$ で点 y にはじめて到達する道の数は，$(0,0)$ から $(2n-y,y)$ への道の数と $(0,0)$ から $(2n-y-1,y+1)$ への道の数の2倍との差に等しいことを示せ．

5. $(0,0)$ から $(x,y_0), y_0 > 0$，への道で，直線 $y = -y_1 (y_1 > 0)$ より上にあるものの数は

$$L(x,y_0) - L(x,y_0+2y_1)$$

に等しいことを示せ．(直線 $y = -y_1$ にかんする鏡像の原理を用いよ)．

6. $(0,0)$ から $(x, y_0), y_0 > 0$, への道で，直線 $y = y_2, y_2 > y_0$ より下にあるものの数は
$$L(x, y_0) - L(x, 2y_2 - y_0)$$
に等しいことを示せ．

5.3
原点への粒子の復帰の問題

　この節とその後の節では，1次元の対称なランダム・ウォークを問題とする．道の組合せ論的性質 (鏡像の原理) のみにもとづいて，ランダム・ウォークする粒子の振る舞いの深く，意外な法則性を得ることができる．まず第一に，われわれは出発点への粒子の復帰の問題とあるレベルへの到達の問題を考える．復帰の問題を解決するためには，原点 0 と点 $(x, 0)$ を結ぶ道を考察する．ここで，粒子が 0 に戻るためには，偶数の時刻でなければならないから $x = 2n$ である．$2n$ 回で 0 に戻る事象は，粒子のはじめの $2n$ 回の移動で決定される．対称性から，長さ $2n$ の可能な軌道全体の 2^{2n} 個は，同程度に確からしい．したがって，復帰の確率は対応する 0 から $2n$ までの区間上の道の計算で求められる．

　粒子が時刻 $2n$ で 0 に復帰する確率を u_{2n} で表す．点 $(0, 0)$ と $(2n, 0)$ を結ぶ道の数は $L(2n, 0) = {}_{2n}C_n$ であるから (式 (5.1) を参照)，
$$u_{2n} = {}_{2n}C_n \, 2^{-2n} \tag{5.4}$$
である．

　時刻 $2n$ に初めて 0 に復帰する確率を f_{2n} で表そう．f_{2n} を決定するために，それと u_{2n} とを結びつける関係式
$$f_{2n} = u_{2n-2} - u_{2n} \quad (n \geqq 1) \tag{5.5}$$
を導こう．

　時刻 $2n$ までに ($2n$ も含めて) 道が 0 に復帰しない事象を A_{2n} とすると，5.2 節問題 3 によって，$P(A_{2n}) = u_{2n}$ となる．時刻 $2n$ で 0 への復帰が起こる事象を B で表す．そうすると，$A_{2n-2} \cap B$ は 0 への最初の復帰が時刻 $2n$ で起

こる事象となるから，$P(A_{2n-2} \cap B) = f_{2n}$ である．明らかに，
$$(A_{2n-2} \cap B) \cup (A_{2n-2} \cap \overline{B}) = A_{2n-2}$$
である．ここで，$\overline{B}$ は B の余事象である．括弧内の二つの事象は排反で $A_{2n-2} \cap \overline{B} = A_{2n}$ であるから，
$$P(A_{2n-2} \cap B) + P(A_{2n}) = P(A_{2n-2})$$
である．これで (5.5) が証明された．

式 (5.4) を式 (5.5) に代入すれば，$n \geqq 1$ のとき
$$f_{2n} = \frac{1}{2n-1} {}_{2n-1}C_n \, 2^{-2n+1} \tag{5.6}$$
$\left(\text{または，} f_{2n} = \frac{1}{2n} u_{2n-2}\right)$ が得られる．

関係式 (5.5) は，確率 f_{2n} を 式 (5.6) の形で表し，5.2 節の問題 1 または演習問題 1 を使えば，たんなる組合せの式として証明することもできる．

式 (5.6) を用いれば，0 へ最初に復帰する確率を容易に求めることができる．たとえば，2,4,6 歩目では，それぞれ
$$f_2 = 0.5, \quad f_4 = 0.125, \quad f_6 = 0.0625$$
である．小さな n の値に対する f_{2n} の値は，つぎに掲げる確率 u_{2n} の値の表を使うと簡単に計算できる．

n	1	2	3	4	5
u_{2n}	0.5	0.375	0.3125	0.2734	0.2461
n	6	7	8	9	10
u_{2n}	0.2256	0.2095	0.1964	0.1855	0.1762

n が大きいときの f_{2n} は，対数表 (21 ページ参照) またはスターリングの公式を用いて近似的に計算できる．スターリングの公式 (22 ページ参照) によると，n が大きいときには
$$n! \sim n^n e^{-n} \sqrt{2\pi n}$$
である．これから
$$_{2n}C_n \sim 2^{2n} \frac{1}{\sqrt{\pi n}}$$

となる．したがって，

$$u_{2n} \sim \frac{1}{\sqrt{\pi n}}, \quad f_{2n} \sim \frac{1}{2\sqrt{\pi}\ n^{3/2}}.$$

ある有限の時間で，粒子が 0 に復帰する確率を知ることは興味のあることである．たとえば，2 歩では確率 $f_2 = 0.5$ で 0 に復帰し，4 歩では確率 $f_2 + f_4 = 0.625$ で，6 歩では確率 $f_2 + f_4 + f_6 = 0.6875$ で復帰する，等々．明らかに，$2n$ 歩のうちに 0 に戻る確率は

$$f_2 + f_4 + \cdots + f_{2n}$$

である．

式 (5.5) によって，

$$f_2 + f_4 + \cdots + f_{2n} = (1 - u_2) + \cdots + (u_{2n-2} - u_{2n}) = 1 - u_{2n} \quad (5.7)$$

が得られる．すなわち u_{2n} は，$2n$ 時間までに 0 に戻るという事象の余事象の確率になっている．n が大きいとき，u_{2n} の近似値を用いて 0 へ復帰する確率を計算することができる．たとえば，100 歩までに 0 へ復帰する確率は 0.9204，1000 歩までの確率は 0.9748，10000 歩までの確率は 0.9920 となる．さらに n を大きくして行けば，u_{2n} は 0 に収束し，確率 $\sum_{k=1}^{n} f_{2k}$ は増加して 1 に近づくことがわかる．では，粒子がいつかは 0 に戻る確率はどれだけだろうか？ これまでは，有限個の事象の集合を考察してきたが，この興味ある確率を正しく確定するためには，無限個の軌道の集合を考察する必要がある．しかし，有限の枠内で議論するために，問題を単純化して，粒子が遅かれ早かれ 0 にもどる事象は定まった確率 f をもつものと仮定しよう．そうすると，

$$f = f_2 + f_4 + \cdots + f_{2n} + \cdots \quad (5.8)$$

こうして，直線上の対称なランダム・ウォークの復帰についての，つぎのすばらしい結果を証明することができる．

定理．粒子の 0 への復帰は確率 1 で起こる．

証明．式 (5.6), (5.5), (5.8) から

$$f = (1 - u_2) + (u_2 - u_4) + (u_4 - u_6) + \cdots = 1.$$

5.3 原点への粒子の復帰の問題

こうして、粒子の 0 への復帰は確率 1 で起こる事象である。しかし、復帰までには相当長く待たなければならないことがわかる。そのことを理解するために、0 へ粒子が復帰する時間の平均値を求めよう。各待ち時間 $2n$ には、確率 f_{2n} が対応しているから、粒子の平均復帰時間は、観測時間がある時間 $2N$ を越えないものとすれば、

$$\sum_{n=1}^{N} 2nf_{2n} + 2Nu_{2N} \tag{5.9}$$

に等しい。

この和における最後の項は、時刻 $2N$ までに粒子が 0 に戻らない場合に対応している：$\sum_{n=1}^{N} f_{2n} + u_{2N} = 1$ (式 (5.7) を参照)。あきらかに、N が大きければ式 (5.9) ではたくさんの項を加えることになる。

$$\sum_{n=1}^{\infty} 2nf_{2n}$$

を評価しよう。$n \to \infty$ のとき $f_{2n} \sim \dfrac{1}{2\sqrt{\pi}n^{3/2}}$, $2nf_{2n} \sim \dfrac{1}{\sqrt{\pi n}}$ だから、級数 $\sum_{n=1}^{\infty} 2nf_{2n}$ は発散[*1]し、平均復帰時間は無限大である。

こうして、粒子は原点にかならず戻ってくる。そして、無限回原点に戻ることになるが、平均待ち時間は最初の復帰であっても無限大である。原点は、こうした性質をもつ唯一つの点であると言えるだろうか？ この問題への答は、あるレベルへの最初の到達の問題を解くことによって与えられる。

5.2 節問題 2 および式 (5.1) により、縦座標 $y > 0$ の点に、横座標 x のときに初めて到達する確率は

$$g_x^{(y)} = \frac{y}{x} \, {}_xC_{\frac{x+y}{2}} \, 2^{-x}, \quad 0 < y \leqq x \tag{5.10}$$

に等しい。$x+y$ は偶数だから、$x+y = 2n$ と置いて式 (5.10) を書き直そう。x を $2n$ を用いて表すと、

$$g_{2n-y}^{(y)} = \frac{y}{2n-y} \, {}_{2n-y}C_n \, 2^{-2n+y}. \tag{5.11}$$

[*1] その有限部分和の数列が発散するとき、級数は発散 (和が無限大) するという。

式 (5.11) に $y=1$ を代入すれば，$g_{2n-1}^{(1)} = \dfrac{1}{2n-1} \,_{2n-1}C_n\, 2^{-2n+1}$ となり，これは時刻 $2n-1$ において縦座標 $y=1$ の点にはじめて到達する確率である．式 (5.6) から

$$g_{2n-1}^{(1)} = f_{2n}. \qquad (5.12)$$

縦座標 1 の点への最初の到達の確率と 0 への最初の復帰の確率とのあいだの関係から，すでに証明された定理を，最初の到達の問題を解くのに使うことができる．

<u>粒子は確率 1 でレベル 1 の点に到達する．</u>

対称性によって，-1 のレベルへの最初の到達についても，同じ結論が成り立つ．

直観的には，任意のレベル y についても同様な主張が成立しそうである．それに対する厳密な証明のプランが，この節の演習問題 5,6 にある．

この節全体の結論は，つぎのようにまとめることができる：ランダム・ウォークする粒子は確率 1 で任意の決められたレベルを無限回横切る．とくに，その粒子は出発点に無限回戻って来る．しかし，こうした事象の待ち時間の平均値は無限大である．

演習問題 5.3

1. 点 $(0,0)$ と $(2n,0)$ を結ぶ正負の道の数の計算についての 5.2 節問題 1 を用いて，確率 f_{2n} を求めよ．

2. 銀行で $2n$ 人が順番に並んでいる．その各人は，それぞれ確率 $1/2$ で 10 ルーブル預けるか引き出すかするとしよう．銀行には最初お金がないとする．預金を引き出そうとしている客の誰もが待たされずに済む確率を求めよ．その確率が u_{2n} に等しいことを示し，その正確な値と近似値を $n=4,5,6$ のときに求めよ．

3. 5.2 節の問題 2 を用いて，
$$g_{2n-y}^{(y)} = \,_{2n-y}C_n\, 2^{-2n+y} - \,_{2n-y-1}C_n\, 2^{-2n+y+1}, \quad (y<n) \qquad (5.13)$$
を示せ．

4. 点 $(2n-m, m)$ への到達確率は，${}_{2n-m}C_n \, 2^{-2n+m}$ に等しく，また和
$$\sum_{y=m}^{n} g_{2n-y}^{(y)} \tag{5.14}$$
の形で表せることを示せ．

5. レベル y と $y+1$ への最初の到達の確率を関係づける式
$$g_{2n-(y+1)}^{(y+1)} = \sum_{k=y}^{n-1} g_{2k-y}^{(y)} \, g_{2n-2k-1}^{(1)} \tag{5.15}$$
を証明せよ．

6. 証明された基本定理の系として，$g^{(1)} = \sum_{n=1}^{\infty} g_{2n-1}^{(1)} = 1$ が証明できる．粒子が任意のレベル y に確率 1 で到達できること，つまり，$g^{(y)} = \sum_{n=y}^{\infty} g_{2n-y}^{(y)} = 1$ であることを証明せよ (式 (5.15) と 2 重和の順序交換の式
$$\sum_{n=y+1}^{\infty} \sum_{\nu=y}^{n-1} = \sum_{\nu=y}^{\infty} \sum_{n-\nu=1}^{\infty}$$
を用い，数学的帰納法により証明せよ)．

7. 縦座標 y の任意の点から出発するランダム・ウォークの粒子は，確率 1 で 0 に到達することを証明せよ．

8. 2 粒子の 1 次元ランダム・ウォークを考える．粒子は同一時刻に独立に動くものとする．粒子は直線上の任意の位置に確率 1 で到達できることを用いて，それらが出あう確率が，それらの最初の距離が偶数ならば，1 であり，奇数ならば 0 であることを示せ．

5.4
原点へ復帰する回数の問題

対称なランダム・ウォークでは，粒子は出発点に無限回戻ってくることを証明した．1 回目の復帰が起ったあと，2 回目の復帰が待たれている．そして，それが確実にやってくるとはいえ，平均的には 1 回目と同じようにいくらでも長く待たされる．この節では，観測時間の増加とともに復帰回数がどのように増

え，m 回目に復帰するまでの待ち時間がどのように「伸びる」か，という問題に答えよう．

> 時刻 $2n$ に，原点への m 回目の復帰が起こる確率は
> $$f_{2n}^{(m)} = \frac{m}{2n-m} \,_{2n-m}C_n\, 2^{-2n+m} \tag{5.16}$$
> に等しい．

という命題を証明しよう．式 (5.16) を式 (5.11) 式とくらべると，この命題はつぎのようにいうことができる：

時刻 $2n$ に原点へ m 回目の復帰をする確率は，時刻 $2n-m$ に，縦座標 m の点にはじめて到達する確率に等しい．つまり，
$$f_{2n}^{(m)} = g_{2n-m}^{(m)}. \tag{5.17}$$
この命題は，$m=1$ のときには正しい（式 (5.12) を参照）．(5.17) に沿って証明を進めよう．

時刻 $2n-m$ でレベル m にはじめて到達する道と時刻 $2n$ に 0 へ m 回目の復帰をする非正の道との間に 1 対 1 の対応をつけよう．そのために，m へ最初の到達をしている任意の道を考え，縦座標 $1, 2, \ldots, m$ への最初の到達点を通り，傾き -1 の直線を横軸と交わるまで引く（図 26）．横軸上に得られた m 個の点は，長さ $2n$ の非正の道の頂点であり，この道の原点への復帰の時刻を表している．

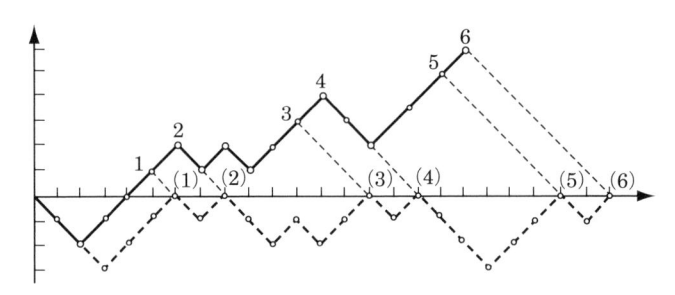

図 26　時刻 $2n-m$ でレベル m に初めて到達する道と，0 に時刻 $2n$ で m 回目の復帰をする道との 1 対 1 対応

5.4 原点へ復帰する回数の問題

長さ $2n$ の非正の道で，ちょうど m 個の頂点を横軸上にもち，点 $2n$ で終わるものに対して逆の操作をすると，点 m に時刻 $2n-m$ で初めて到達する道が得られる．こうして，二つの道の集合の対応づけから，非正の道で時刻 $2n$ で 0 に m 回目の復帰をする道の数が

$$\frac{m}{2n-m} {}_{2n-m}C_n = 2^{2n-m} g_{2n-m}^{(m)}$$

であることがわかる．こうした道は，復帰する点によって m 個の部分に分割される．これらの部分を両端が横軸上にくるようにしてつなぎ合わせると，横軸上に m 個の頂点をもつすべての道が得られる．それらの数は，明らかに非正の道の数の 2^m 倍あり，したがって $2^{2n} g_{2n-m}^{(m)}$ に等しい．これを 2^{2n} (長さ $2n$ の道の総数) で割れば確率 (5.16) を得る．

今度は，時刻 0 から $2n$ までの間に m 回復帰する確率を求めよう．0 に m 回戻る長さ $2n$ のすべての道を考える．最後の m 回目の復帰が，時刻 $2n$ で起こるか，あるいは，なんらかの時刻 $2\nu < 2n$ で起こるかによって，二つの可能性がある．後者では，最後の復帰点 2ν によって，道は二つの部分に分けられ，そこでは 2ν から $2n$ までの間での 0 への復帰はない．5.2 節問題 3 の結果から，2ν から $2n$ までの道の部分は，点 $(2\nu,0)$ と $(2n,0)$ とを結ぶすべての道の数に等しくなるようにとることができる．それゆえ，最後の復帰から先の部分は，すべて，少なくとも時刻 $2n$ には 0 に復帰する部分に，減少することなしに置き換えることができる．したがって，ちょうど m 回の復帰をする長さ $2n$ の道の数は，少なくとも m 回の 0 への復帰をし，最後に $2n$ で 0 に戻るような道の数に等しい．こうして，問題は，時刻 $2n$ に $m, m+1, \ldots, n$ 回の 0 への復帰をする道の総数を求めることに帰着される．その確率としては，m 回の復帰がある確率は

$$h_{2n}^{(m)} = f_{2n}^{(m)} + f_{2n}^{(m+1)} + \cdots + f_{2n}^{(n)}$$

あるいは，

$$h_{2n}^{(m)} = g_{2n-m}^{(m)} + g_{2n-(m+1)}^{(m+1)} + \cdots + g_n^{(n)}.$$

ここで，右辺の各項は，それぞれ時刻 $2n-m, 2n-m-1, \ldots, n$ においてレベル $m, m+1, \ldots, n$ にはじめて到達する確率である．したがって，$k =$

$m, m+1, \ldots, n-1$ のときには，
$$g_{2n-k}^{(k)} = {}_{2n-k}C_n \, 2^{-2n+k} - {}_{2n-k-1}C_n \, 2^{-2n+k+1}$$
となり，また，$g_n^{(n)} = {}_nC_n 2^{-n}$ (5.3 節の演習問題 3 を参照) であるから，
$$h_{2n}^{(m)} = {}_{2n-m}C_n \, 2^{-(2n-m)}.$$
つまり，$h_{2n}^{(m)}$ は時刻 $2n-m$ においてレベル m に到達する確率に等しい (5.3 節の演習問題 4 を参照)．こうして，<u>時刻 $2n$ までにちょうど m 回 0 に復帰する確率は</u>
$$h_{2n}^{(m)} = {}_{2n-m}C_n \, 2^{-(2n-m)} \tag{5.18}$$
<u>に等しい</u>．

式 (5.16) と 式 (5.18) には，"新しい"確率は出て来ないことに注意しよう．そこにある確率はいままでに得られた確率の値に一致している．

つぎの結論が成り立つことが容易にわかる．

<u>$m=0, m=1$ では，確率 $h_{2n}^{(m)}$ は u_{2n} に等しく，$m>1$ では確率 $h_{2n}^{(m)}$ は減少する</u>：
$$h_{2n}^{(0)} = h_{2n}^{(1)} > h_{2n}^{(2)} > \cdots > h_{2n}^{(n)}. \tag{5.19}$$
式 (5.19) の証明のためには，$m>1$ のときに $h_{2n}^{(m)} < h_{2n}^{(m-1)}$ であることを示せばよい．

不等式 (5.19) は，ランダム・ウォークの時間がどうであろうとも，復帰なしかちょうど 1 回だけ復帰する場合が，他の場合にくらべてもっとも起こりやすいことを明白に示している．復帰の回数は，ランダム・ウォークの時間に比例するように思われるけれども，それは観測によっても計算によっても，そうではないことがわかる．復帰の回数は $\sqrt{2n}$ に比例して n とともに増大する．原点への道の復帰は，ランダム・ウォークの時間が長くなればなるほど，より稀にしか 起こらなくなる．このことを示すために，決められた時間 $2n$ における復帰回数の平均値
$$\mu = \sum_{m=0}^{n} m h_{2n}^{(m)}$$

を計算しよう．

関係式 $\sum_{m=0}^{n} h_{2n}^{(m)} = 1$, $(n-m)h_{2n}^{(m)} = \dfrac{2n-m}{2} h_{2n}^{(m+1)}$ を用いると，

$$n - \mu = \sum_{m=0}^{n} (n-m) h_{2n}^{(m)} = \sum_{m=0}^{n-1} \frac{2n-m}{2} h_{2n}^{(m+1)}$$

$$= \frac{2n+1}{2} \sum_{m=0}^{n-1} h_{2n}^{(m+1)} - \frac{1}{2} \sum_{m=0}^{n-1} (m+1) h_{2n}^{(m+1)}$$

$$= \frac{2n+1}{2} \left(1 - h_{2n}^{(0)}\right) - \frac{1}{2}\mu.$$

これから，

$$\mu = (2n+1) u_{2n} - 1.$$

大きな n に対しては

$$u_{2n} \sim \frac{1}{\sqrt{\pi n}}$$

であるから，

$$\mu \sim 2\sqrt{\frac{n}{\pi}}.$$

こうして，ランダム・ウォークの継続時間の増大とともに，復帰回数は相対的には減少するが，復帰の間の時間は長くなることがわかった．たとえば，10000 歩の間に，粒子は平均して約 80 回 0 に復帰するが，100,0000 歩では 800 回，1,0000,0000 歩では 8000 回復帰する．それに対応して，二つの復帰間の平均時間は 125 から 1250, 12500 と変化する．すでに述べたように，隣接する復帰間の平均時間は，復帰の回数には依存しない．復帰回数が平均して $\sqrt{n}$ に比例して増加することから，0 へ m 回復帰するまでの平均時間は m^2 に比例して増加するという結論が導ける．このことは，"極限定理" の形でより精密化される (以下の演習問題 2 を参照)．

粒子が 0 へ復帰する時間のほぼ半分は，実数軸の一方の側から他方の側への移行に使われるから，ここで得られた結論は，粒子の正の側および負の側での滞在時間の問題に関係する．その結果の精密な定式化は，つぎの節でなされる．

演習問題 5.4

1. $u_{2n} = f_{2n} + f_{2n}^{(2)} + \cdots + f_{2n}^{(n)}$ を示せ.

2. $l \to \infty$ で $k - l \to \infty$ のときの漸近的関係 (スターリングの公式の系; 1.9 節を参照)
$$\log {}_kC_l \sim -l \log \frac{l}{k} - (k-l) \log \frac{k-l}{k} + \log \frac{1}{\sqrt{2\pi}\sqrt{\frac{l(k-l)}{k}}}$$
と $|\alpha| < 1$ のときの (テイラー展開の最初の 2 項)
$$\log(1 + \alpha) \sim \alpha - \frac{\alpha^2}{2}$$
を用いて, $n \to \infty$ のときに
$$f_{2n}^{(m)} \sim \sqrt{\frac{2}{\pi}} \frac{m}{(2n-m)^{3/2}} e^{-\frac{m^2}{2(2n-m)}}$$
を示せ. そのとき, 時刻 $2m$ から $2m + 2N$ の間に m 回原点へ復帰する確率 $\sum_{n=m}^{m+N} f_{2n}^{(m)}$ は, 関数
$$\psi(y) = \frac{1}{\sqrt{2\pi}} y^{-3/2} e^{-1/2y}$$
の 0 から $2N/m^2$ におけるリーマン積分の積分和として表せる. このことから, 時刻 $\alpha m^2 (\alpha > 0$ は任意の実数$)$ までに m 回の復帰が起こる確率は, m が増加するときに, 積分
$$\int_0^\alpha \psi(y)\,dy$$
に収束することが結論できる. つまり, m 回目の復帰までの時間は, m が増加するとき, m^2 である (この積分の計算には, 等式
$$\int_0^\alpha \psi(y)\,dy = 2\Big(1 - \Phi\Big(\frac{1}{\sqrt{\alpha}}\Big)\Big)$$
を用いるとよい. 何故なら, 関数 $\Phi(t) = \frac{1}{\sqrt{2\pi}} \int_{-\infty}^t e^{-\frac{u^2}{2}}\,du$ の値は, 確率論のどの教科書にも, 正規分布表として載っているからである. 4.5 節も参照).

5.5 逆正弦法則

前節で対称なランダム・ウォークについての，もっとも重要な性質を明らかにした．つまり，粒子が 0 へつぎつぎに戻るあいだの時間が異常に長いことがわかった．そのことを，さまざまなアプローチから示した．ここでは，ランダム・ウォークする粒子が横軸の上部または下部にどれくらい長くいるかという問題に答えることにしよう．粒子が横軸の上部にいる相対的な時間は 1/2 に近いだろうという，常識的には自然な予想は，実は実験によって否定されるのである．この時間が 1/2 に近いということはもっとも起こりそうになく，大部分の時間を，粒子は横軸の上部または下部のどちらかの側で過ごすのである．粒子が直線の正の側から負の側へ，あるいはその逆向きに移行することについての，この逆説的な法則は「逆正弦法則」と呼ばれる定理によって明らかにされる．

前もってつぎの簡単な結果を証明しておこう：$n \geqq 1$ のとき

$$u_{2n} = \sum_{k=1}^{n} f_{2k} u_{2n-2k}. \tag{5.20}$$

証明のために，時刻 $2n$ に 0 に復帰する長さ $2n$ のすべての道を考える．式 (5.20) は，全確率の公式 (59 ページ参照) を変形したものである．実際，A_{2n} を $(0,0)$ から $(2n,0)$ に至る任意の道に対応する事象とし，B_{2k} を時刻 $2k$ $(k=1,2,\ldots,n)$ ではじめて 0 に復帰する事象とする．また，事象 B_{2k} $(k=1,2,\ldots,n)$ は互いに排反で $A_{2n} \subset \bigcup_{k=1}^{n} B_{2k}$ である．そのとき，$P(A_{2n}/B_{2k}) = P(A_{2n-2k})$ であるから，

$$P(A_{2n}) = \sum_{k=1}^{n} P(B_{2k}) P(A_{2n}/B_{2k}) = \sum_{k=1}^{n} P(B_{2k}) P(A_{2n-2k})$$

を得るが，$P(A_{2n}) = u_{2n}$, $P(B_{2k}) = f_{2k}$ であるから，(5.20) が証明されたことになる．

$p_{2k,2n}$ を，時間が 0 から $2n$ まで経過するさい，粒子が $2k$ 時間は非負，$2n-2k$

時間は非正である確率とする．時刻 n から $n+1$ までの間に，対応する道が横軸の上部にあれば，その時間に粒子は正の側にいる，ということにしよう．ここで，つぎの基本的な命題を証明しよう：

$n \geqq 1, 0 \leqq k \leqq n$ のとき，
$$p_{2k,2n} = u_{2k} u_{2n-2k}. \tag{5.21}$$

粒子が，時刻 0 から $2n$ の間に $2k$ 時間を正の側に，$2n-2k$ 時間を負の側にいる事象を $A_{2k,2n}$ とし，B_{2r}^+ と B_{2r}^- を，それぞれ，それまでプラス側，マイナス側にいた粒子が時刻 $2r$ ではじめて 0 に復帰する事象とする．明らかに，$P(A_{2k,2n}) = p_{2k,2n}$，$P(B_{2r}^+) = P(B_{2r}^-) = \dfrac{1}{2} f_{2r}$ である．全確率の公式によって，
$$P(A_{2k,2n}) = \sum_{r=1}^{k} P(B_{2r}^+) P(A_{2k,2n}/B_{2r}^+) + \sum_{r=1}^{n-k} P(B_{2r}^-) P(A_{2k,2n}/B_{2r}^-)$$

である．
$$P(A_{2k,2n}/B_{2r}^+) = P(A_{2k-2r,2n-2r}),$$
$$P(A_{2k,2n}/B_{2r}^-) = P(A_{2k,2n-2r})$$

であるから，
$$p_{2k,2n} = \frac{1}{2} \sum_{r=1}^{k} f_{2r} p_{2k-2r,2n-2r} + \frac{1}{2} \sum_{r=1}^{n-k} f_{2r} p_{2k,2n-2r}. \tag{5.22}$$

$k=0$ または $k=n$ のときには，求める確率は u_{2n} に等しいから，等式 (5.21) は自明である．求める等式は，すべての n と $1 \leqq k \leqq n-1$ について考えればよい．n についての数学的帰納法によって，式 (5.22) から (5.21) を導こう．$n=1$ のときには，明らかに成り立っている．すべての $m \leqq n-1$ に対して，
$$p_{2k,2m} = u_{2k} u_{2m-2k}$$

を仮定しよう．とくに，
$$\begin{aligned} p_{2k-2r,2n-2r} &= u_{2n-2k} u_{2k-2r}, \\ p_{2k,2n-2r} &= u_{2k} u_{2n-2k-2r}. \end{aligned} \tag{5.23}$$

そうすると，式 (5.22) と (5.23) から

$$p_{2k,2n} = \frac{1}{2} u_{2n-2k} \sum_{r=1}^{k} f_{2r} u_{2k-2r} + \frac{1}{2} u_{2k} \sum_{r=1}^{n-k} f_{2r} u_{2n-2k-2r}.$$

式 (5.20) を用いると，最終的に

$$p_{2k,2n} = \frac{1}{2} u_{2n-2k} u_{2k} + \frac{1}{2} u_{2k} u_{2n-2k} = u_{2k} u_{2n-2k}$$

が得られる．

関係式 (5.21) は，ランダム・ウォークする粒子特有の驚くべき性質を表している．直観的には，粒子が横軸の上と下とにいる時間の割合は，ほぼ同じで $1/2$ に近いと考えられる．そのことの検証のために，$n = 10$ の場合に式 (5.21) を用いて計算してみる．確率 $p_{2k,2n}$ は，つぎの表で与えられる．

k	0	1	2	3	4	5
$p_{2k,2n}$	0.1762	0.0927	0.0736	0.0655	0.0617	0.0606
k	10	9	8	7	6	5

この表からでも，$k = 0$ と $k = n$ のときの確率がもっとも高く，反対に時間の割合 k/n が $1/2$ に近いときは，もっとも起こりそうにないことがわかる．この例において重要なのは，確率の値そのものではなく，それが k とともにどのように変化するか，ということである．一般には，この確率はつぎの性質をもっている：$p_{2k,2n} = p_{2n-2k,2n}$；$k \leqq (n+1)/2$ のとき，確率 $p_{2k,2n}$ は減少し，$k \geqq (n+1)/2$ のとき増大する．n が偶数ならば，$p_{2k,2n}$ の最小値は，$k = n/2$ のときであり，n が奇数ならば，$k = (n-1)/2$, $k = (n+1)/2$ のときである．$p_{2k,2n}$ が k とともにどのように変化するかを，グラフで示したのが，$n = 10$ のときの図 27 である．n の値が大きくなるとともに確率 $p_{2k,2n}$ は，ますます豊かな内容をもつようになる．比較のために，スターリングの公式を用いて，u_{2n} の近似値を求めてみよう：

$$p_{0,2n} = p_{2n,2n} = u_{2n} \sim \frac{1}{\sqrt{\pi n}},$$

$$p_{2k,2n} = u_{2k} u_{2n-2k} \sim \frac{1}{\pi \sqrt{k(n-k)}}.$$

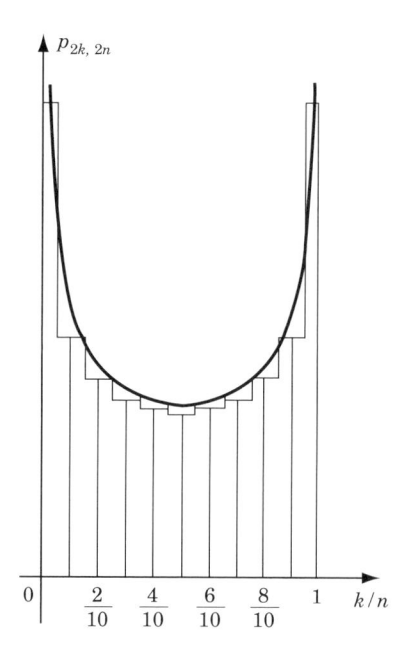

図 27 逆正弦法則

とくに，n が偶数ならば，$p_{2k,2n}$ の最小値は，近似的に
$$p_{n,2n} = u_n^2 \sim \frac{2}{\pi n}$$
となる．$2n = 100, 1000, 10000, 100000$ のときの計算結果をつぎの表に示す：

$2n$	$p_{0,2n}$	$p_{2,2n}$	$p_{n,2n}$
100	0.07959	0.04020	0.01261
1000	0.02523	0.01263	0.00127
10000	0.00798	0.00399	0.00013
100000	0.00252	0.00126	0.00001

n の値が増加するとき，最大の確率と最小の確率との比は，無限に大きくなる：
$$\frac{p_{0,2n} + p_{2n,2n}}{p_{n,2n}} \sim \frac{\frac{2}{\sqrt{\pi n}}}{\frac{2}{\pi n}} = \sqrt{\pi n} \to \infty.$$

$0 < x < 1$ で定義される，関数 $f(x) = \dfrac{1}{\pi\sqrt{x(1-x)}}$ を考察しよう．この関数は U 字型をし，直線 $x = 1/2$ について対称であり，点 $x = 1/2$ で最小値 $2/\pi$ をとる (図 27)．つぎのことは容易に確認できる[*1]．

$$f(x) = \frac{d}{dx}\left(\frac{2}{\pi}\arcsin\sqrt{x}\right) \quad \text{または，} \quad \int_0^x f(y)dy = \frac{2}{\pi}\arcsin\sqrt{x}.$$

スターリングの公式を用いると，k が 0 または n にあまり近くなければ，

$$p_{2k,2n} \sim \frac{1}{n}f\left(\frac{k}{n}\right)$$

がかなり良い近似であることがわかる．ある α $(0 < \alpha < 1)$ を指定し，二つの量

$$\sum_{k/n \leqq \alpha} p_{2k,2n} \quad \text{と} \quad \int_0^\alpha f(x)\,dx$$

を比較する．$x_k = k/n, \Delta x_k = x_k - x_{k-1} = 1/n$ と置くと，

$$\sum_{k/n \leqq \alpha} p_{2k,2n} \sim \sum_{x_k \leqq \alpha} \Delta x_k f(x_k).$$

$n \to \infty$ あるいは $\Delta x_k \to 0$ とすると，右辺は，x 軸，曲線 $y = f(x)$，垂直な 2 直線 $x = 0, x = \alpha$ によって囲まれる図形の面積に収束する．この面積は，積分

$$\int_0^\alpha f(x)\,dx = \frac{2}{\pi}\arcsin\sqrt{\alpha}$$

によって求められる．こうして，「逆正弦法則」として広く知られているつぎの定理が得られる．

> **逆正弦法則**．　粒子が正の部分で過ごす時間の割合が α $(0 < \alpha < 1)$ を越えない確率は，$n \to \infty$ のとき，$\dfrac{2}{\pi}\arcsin\sqrt{\alpha}$ に収束する．

正弦表を用いて，たとえば，

[*1] そのためには，合成関数 $y = f(\phi(x))$ の導関数が $y' = f'(\phi(x))\phi'(x)$ であることと，関数 $y = 1/f(x)$ の導関数が $y' = -\dfrac{1}{f(x)^2}f'(x)$ であることを用いればよい．

$$\sum_{k/n<0.0062} p_{2k,2n} \sim 0.05$$

$$\sum_{k/n<0.0245} p_{2k,2n} \sim 0.1$$

$$\sum_{k/n<0.1464} p_{2k,2n} \sim 0.25$$

となることが計算できる．そこで，時間 $n = 1000$ のときには，粒子は確率 0.1 で，993 時間以上は一方の側にいるし，確率 0.2 では，それは 975 時間以上となる．

[例] 2 人の人が「硬貨投げ」遊び —順番に偏りのない硬貨をほうり投げ，毎回「表」(「裏」)を当てる— をするとしよう．個々のゲームの引き続く結果 (勝ち，負けの列)は，対称なランダム・ウォークのグラフとして，幾何学的に表される．グラフにおいて横軸の上部は，一方の競技者が勝っていること，横軸に到達することは，合計がタイであること，などに対応する．5.4 節と 5.5 節の結果は，ゲームの長さが増えるにつれて，「タイ」になることが，ますます稀になり，それに対応してリードの交代の相対的な回数が減少していく．そうして，時間の大部分で一方の競技者がリードする，ということを述べている．1000 回の競技では，タイの平均の回数は 13 であり，そのうちの約半分が実際上のリードの交代に対応する．いままでに述べたように，逆正弦法則によって $1/10$ よりは小さくない確率で，一方の競技者が 1000 回のうち 975 回以上はリードしていることになる．

演習問題 5.5

1. 長さ $2n$ の軌道において，0 への最後の復帰が，時刻 $2k(k = 0, 1, 2, \ldots, n)$ で起こる確率は $u_{2k}u_{2n-2k}$ であることを示せ．

2. 原点から $(2n, 0)$ への道で，$2k$ 個の頂点が横軸より下でなく，残りの頂点が下にあるようなものの個数を求めよ ($k = 0, 1, \ldots, n$)．この数は k に依らず，

$\dfrac{1}{n+1}\ _2nC_n$ であることを示せ．

3. 縦座標 $y_0 = 0, y_1, \ldots, y_n$ を通る長さ n の道が，時刻 k で**最初の最大値**をもつとは，$y_k > y_0, y_k > y_1, \ldots, y_k > y_{k-1}$ で $y_k \geqq y_{k+1}, \ldots, y_k \geqq y_n$ のときにいう．「**第2逆正弦法則**」：長さ $2n$ の道で，最初の最大値が時刻 $2k$ $(k = 0, 1, \ldots, n)$ または $2k+1$ $(k = 0, \ldots, n-1)$ で起こる確率は，$p_{2k,2n}$ であることを示せ．

5.6
2次元，3次元の対称なランダム・ウォーク

　第1章で平面上のランダム・ウォークについて述べた．原点 $(0, 0)$ を出た粒子が，整数の座標をもつ点を移動するとする．そのさい，粒子は点 (x, y) から，その点に至るまでの経路には関係なく，つぎの一歩を確率 $1/4$ で隣接の4点 $(x+1, y), (x-1, y), (x, y+1), (x, y-1)$ に移動するものとする．同様に，3次元空間での対称なランダム・ウォークを定義できる：粒子は，点 (x, y, z) から，一歩のちに，確率 $1/6$ で6個の点 $(x+1, y, z), (x-1, y, z), (x, y+1, z), (x, y-1, z), (x, y+1, z), (x, y, z+1), (x, y, z-1)$ のどれかに移動する．5.3節で，直線上の対称なランダム・ウォークの原点への復帰についての問題を解明した．この問題を，2次元と3次元について考えてみよう．2次元では，ランダム・ウォークは確率1で原点に復帰できるが，3次元では，一般には復帰できないことを示そう．

　確率 u_{2n} と f_{2n} を，また使うことにしよう．これまでと同様に，u_{2n} は時刻 $2n$ に粒子が原点に復帰する確率で，f_{2n} は時刻 $2n$ に初めて原点に復帰する確率である．2次元と3次元の場合にも，u_{2n} と f_{2n} の間の関係式

$$u_{2n} = \sum_{k=1}^{n} f_{2k} u_{2n-2k}, \quad n \geqq 1 \tag{5.24}$$

が成り立つ（これは1次元の場合にこの式を導いたのと同様にして，容易に示せる）．

　問題は，

平面上では $\sum_{n=1}^{\infty} f_{2n} = 1$ で，空間では $\sum_{n=1}^{\infty} f_{2n} < 1$ である

ことを証明することである．1次元の場合には，$\sum_{n=1}^{\infty} f_{2n}$ が収束して1であり，$\sum_{n=0}^{\infty} u_{2n}$ は発散したことを思い出そう．級数のこの振る舞いは，7.2節で証明される一般的法則を表す現象である．そして，$\sum_{n=0}^{\infty} u_{2n} = \infty$ であることが，$\sum_{n=1}^{\infty} f_{2n} = 1$ となるための必要十分条件であることがわかる．つまり，原点への復帰の確率は，級数 $\sum_{n=0}^{\infty} u_{2n}$ が発散するか，収束するかによって，1であるか，1より小さい．たとえば，級数 $\sum_{n=0}^{\infty} u_{2n}$ が収束するならば，つまり $\sum_{n=0}^{\infty} u_{2n} = s < \infty$ となるならば，等式 (5.24) の両辺を $n \geq 1$ について合計すると，$u_0 = 1$ だから，左辺は

$$\sum_{n=1}^{\infty} u_{2n} = \sum_{n=0}^{\infty} u_{2n} - u_0 = \sum_{n=0}^{\infty} u_{2n} - 1$$

となり，右辺は，

$$\sum_{n=1}^{\infty} \left[\sum_{k=1}^{n} f_{2k} u_{2n-2k} \right] = \sum_{k=1}^{\infty} f_{2k} \sum_{n=0}^{\infty} u_{2n}$$

となる．こうして，

$$\sum_{n=0}^{\infty} u_{2n} - 1 = \sum_{n=1}^{\infty} f_{2n} \sum_{n=0}^{\infty} u_{2n}$$

から

$$\sum_{n=1}^{\infty} f_{2n} = 1 - \frac{1}{\sum_{n=0}^{\infty} u_{2n}} \tag{5.25}$$

となる．したがって，$\sum_{n=1}^{\infty} f_{2n} = 1 - \frac{1}{s} < 1$．もしも $\sum_{n=0}^{\infty} u_{2n}$ が発散すれば，

5.6 2次元,3次元の対称なランダム・ウォーク

$\sum_{n=1}^{\infty} f_{2n} = 1$. この節では,このことを利用するだけにして,証明は 7.2 節まで残しておこう.ここでは,級数 $\sum_{n=0}^{\infty} u_{2n}$ の収束性を,2 次元と 3 次元の場合に検討し,その結果を使って,対応するランダム・ウォークの原点への復帰についての結論を導こう.

2 次元の場合の u_{2n} を求めよう.座標原点からの長さ $2n$ の道の総数は,4^{2n} である.時刻 $2n$ に,粒子がふたたび原点にいるためには,上への移動回数と下への回数が等しく,また,右への移動回数と左への移動回数が等しくなければならない.したがって,上への移動回数が k ならば,下への回数も k であり,右への移動回数も左への移動回数も $n-k$ に等しい.そのとき,粒子の上下左右への移動はつぎつぎと気まぐれにおこなわれるから,求める道の数は

$$\frac{(2n)!}{k!\,k!\,(n-k)!\,(n-k)!} = {}_{2n}C_n({}_nC_k)^2 \tag{5.26}$$

である.

k は 0 から n までの値をとれるから,時刻 $2n$ に原点で終わるような道の総数は,

$$\sum_{k=0}^{n} \frac{(2n)!}{k!\,k!\,(n-k)!\,(n-k)!} = {}_{2n}C_n \sum_{k=0}^{n} ({}_nC_k)^2 \tag{5.27}$$

に等しい.$\sum_{k=0}^{n} ({}_nC_k)^2 = \sum_{k=0}^{n} {}_nC_k\, {}_nC_{n-k} = {}_{2n}C_n$ であるから,この道の数は $({}_{2n}C_n)^2$ に等しい.こうして,

$$u_{2n} = 4^{-2n}\,({}_{2n}C_n)^2 \tag{5.28}$$

となる.n が大きいときの ${}_{2n}C_n$ の近似式は,もう一度スターリングの公式を用いれば,

$$u_{2n} \sim 4^{-2n}\,2^{4n}\,\frac{1}{\pi n} = \frac{1}{\pi n}$$

となり,これから級数 $\sum_{n=0}^{\infty} u_{2n}$ が発散することがわかる.したがって,関係式 (5.25) によって $\sum_{n=1}^{\infty} f_{2n} = 1$,つまりランダム・ウォークはいつかは 0 に復帰

する．

3次元の場合，時刻 $2n$ に原点に復帰する確率は，式 (5.26) 〜 (5.28) とのアナロジーによって，

$$u_{2n} = 6^{-2n} \sum_{0 \leq i+j \leq n} \frac{(2n)!}{i!\, i!\, j!\, j!\, (n-i-j)!\, (n-i-j)!}$$

$$= 2^{-2n}\, {}_{2n}C_n \sum_{0 \leq i+j \leq n} \left(3^{-n} \frac{n!}{i!\, j!\, (n-i-j)!}\right)^2 \qquad (5.29)$$

となる．式 $C_n(i,j) = \dfrac{n!}{i!\, j!\, (n-i-j)!}$ を，3項展開

$$(a+b+c)^n = \sum_{0 \leq i+j \leq n} C_n(i,j) a^i b^j c^{n-i-j}$$

の係数とし，この展開において，$a=b=c=1$ とおけば，

$$3^n = \sum_{0 \leq i+j \leq n} C_n(i,j),$$

あるいは

$$1 = \sum_{0 \leq i+j \leq n} 3^{-n} C_n(i,j).$$

したがって，

$$\sum_{0 \leq i+j \leq n} \left(3^{-n} C_n(i,j)\right)^2 \leq \max_{0 \leq i+j \leq n} \left[3^{-n} C_n(i,j)\right],$$

および

$$u_{2n} \leq (2^{-2n}\, {}_{2n}C_n) \max_{0 \leq i+j \leq n} \left[3^{-n} C_n(i,j)\right] \qquad (5.30)$$

が得られる．確率 $3^{-n} C_n(i,j)$ は，

n が 3 で割り切れるならば，$i=j=\dfrac{n}{3}$ のときに，

$n-1$ が 3 で割り切れるならば，$i=j=\dfrac{n-1}{3}$ のときに，

$n+1$ が 3 で割り切れるならば,$i = j = \dfrac{n+1}{3}$ のときに,

最大になる.

 これらの三つの場合のすべてにおいて,スターリングの公式を用いれば,n が大きいときに,c を定数として

$$\max_{0 \leqq i+j \leqq n}[3^{-n}C_n(i,j)] \sim c/n.$$

$2^{-2n}\,{}_{2n}C_n \sim 1/\sqrt{\pi n}$ であるから,式 (5.29) の u_{2n} は $1/n^{\frac{3}{2}}$ の次数を越えない.このことから,級数 $\sum_{n=0}^{\infty} u_{2n}$ が有限な極限値に収束し,したがって $\sum_{n=1}^{\infty} f_{2n} < 1$ となることがわかる.つまり,3 次元の対称なランダム・ウォークはかならず原点に復帰するとはかぎらない (確率 $f = \sum_{n=1}^{\infty} f_{2n}$ を計算すると,0.35 に近い) ことがわかる.こうして,1 次元の対称なランダム・ウォークのすばらしい性質である確率 1 での 0 への復帰は,2 次元の場合には成り立つが,3 次元では成り立たないことになる.

第6章

確率変数，確率分布

6.1
確率変数の概念

　日常の生活や科学的な研究においては，考える量が，偶然のでき事に影響されてさまざまな値をとる場面に，よく出あうことがある．たとえば，短時間に電話局にかかってくる電話の「呼び出し」がどれだけあるか？ という問いに対しては，はっきりと決まった答えは絶対にあり得ない．なぜなら，一定の時間間隔における電話の「呼び出し」数は，偶然に影響されて刻々と変動するからである．人口過密な街において一昼夜に発生する事件の数を予測することも，同様に不可能である．このような場面で，偶然に影響されてさまざまな値をとる確率変数が問題になる．

　確率変数について完璧な知識をもつためには，何を知らなければならないのだろうか？ 明らかに，まず第一には，それがとりうる値の一覧表である．しかし，それだけでは十分ではない．なぜなら，異なる確率変数でも同じ値を，異なった確率でとるようなものを容易に作ることができるからだ．たとえば，A，B 2人が射撃をし，標的に当たるのに応じて 0点, 1点, 2点を得るとしよう．もちろん，こうした情報だけでは，射撃の正確さを特徴づけるのには，十分ではない．彼らのおのおのがあれこれの点数を取る確率を知れば (次ページの表を参照)，Aのほうが，最高点をより頻繁に取り，低い点数はあまり取らないか

ら，B よりも優れている，という特徴づけができる．

	点数		
	0	1	2
射撃手 A	0.01	0.19	0.80
射撃手 B	0.05	0.25	0.70

こうして，確率変数を決定するには，それが取る値と，それをどういう確率で取るかという確率を与えなければならない．なんらかの試行の偶然の結果の集合上で定義された実数値関数を**確率変数**という．起こりうるすべての根元事象を，$E_1, E_2, \ldots, E_n$ とする．そのとき，任意の実数値関数 $\xi(E)$ は，確率変数である．確率変数をこのように定義すると，通常の関数に対するすべての演算規則が，確率変数にも適用できる：それらは加えたり，掛けたりすることができる，等々．

[例1] 六つの根元事象 $E_i, i = 1, 2, 3, 4, 5, 6$ があり，それらの確率はすべて等しいものとする．その集合上につぎの確率変数を定義しよう：

a) $\xi_1(E_1) = 1, \quad \xi_1(E_2) = 2, \quad \xi_1(E_3) = 3,$
$\xi_1(E_4) = 4, \quad \xi_1(E_5) = 5, \quad \xi_1(E_6) = 6,$

b) $\xi_2(E_1) = 1, \quad \xi_2(E_2) = 4, \quad \xi_2(E_3) = 9,$
$\xi_2(E_4) = 16, \quad \xi_2(E_5) = 25, \quad \xi_2(E_6) = 36,$

c) $\xi_3(E_1) = 1, \quad \xi_3(E_2) = 0, \quad \xi_3(E_3) = 1,$
$\xi_3(E_4) = 0, \quad \xi_3(E_5) = 1, \quad \xi_3(E_6) = 0,$

d) $\xi_4(E_1) = 0, \quad \xi_4(E_2) = 0, \quad \xi_4(E_3) = 1,$
$\xi_4(E_4) = 0, \quad \xi_4(E_5) = 0, \quad \xi_4(E_6) = 1,$

e) $\xi_5(E_1) = -1, \quad \xi_5(E_2) = 1, \quad \xi_5(E_3) = -1,$
$\xi_5(E_4) = 1, \quad \xi_5(E_5) = -1, \quad \xi_5(E_6) = 1.$

確率変数 ξ_1 と ξ_2 の和としての新しい確率変数 η を，等式

$$\eta(E_i) = \xi_1(E_i) + \xi_2(E_i)$$

によって定義する．そのとき，

$$\eta(E_1) = 2, \quad \eta(E_2) = 6, \quad \eta(E_3) = 12,$$

$$\eta(E_4) = 20, \quad \eta(E_5) = 30, \quad \eta(E_6) = 42.$$

確率の基本的性質を用いると，確率変数の定義から，確率変数のとりうる任意の値に対する確率を知ることができる．確率変数 ξ のとる任意の値 a に対して，$\xi(E_i) = a$ となるようなすべての根元事象 E_i からなる事象を B_a とする．つまり，

$$B_a = \bigcup E_i$$

そうすると，ξ が値 a をとる確率は，

$$P(\xi = a) = P(B_a) = \sum_{E_i \in B_a} P(E_i)$$

によって定義される．例 1 の c), d) については，つぎの等式が成り立つ．

$$P(\xi_3 = 0) = 0.5, \quad P(\xi_3 = 1) = 0.5,$$

$$P(\xi_4 = 0) = \frac{2}{3}, \quad P(\xi_4 = 1) = \frac{1}{3},$$

e) については，

$$P(\xi_5 = -1) = 0.5, \quad P(\xi_5 = 1) = 0.5.$$

確率変数 ξ がとりうるすべての値とその値をとる確率の集合を，**確率変数 ξ の確率分布**と呼ぶ．例 1 の a), b) の場合の確率分布は，簡単に求められる．例 1 の c), d), e) については，上で求めた．

[**例 2**] 確率変数の一つの重要なクラスを挙げよう．確率変数 ξ_3, ξ_4 を導入した例 1 の c), d) では，確率変数は 1 と 0 の値しかとらない．c) のほうでは「奇数の番号のとき生起する」事象を表し，d) のほうは「番号が 3 の倍数のときに生起する」事象を表す．さて，B をなんらかの偶然事象とする．確率変数 $\chi_B(E)$ をつぎの等式で定義しよう：

$$\chi_B(E_i) = \begin{cases} 1, & E_i \in B \text{ のとき} \\ 0, & E_i \in \overline{B} \text{ のとき} \end{cases}$$

この関数は，対応する事象を一意的に定めるので，事象 B の**定義関数** (または**特性関数**) と呼ぶ．

事象の定義関数を考察することは有益である．とくに，それは事象に対する演算を，対応する定義関数の演算に結びつけることを可能にする．確率変数 $\chi_A(E)$ と $\chi_B(E)$ がつぎの性質をもつことが容易にわかる．

$$\chi_A(E) \cdot \chi_B(E) = \chi_{AB}(E),$$

$$\chi_A(E) + \chi_B(E) - \chi_{AB}(E) = \chi_{A\cup B}(E),$$

$$1 - \chi_A(E) = \chi_{\overline{A}}(E).$$

[例3] 「偏りのない」硬貨を 10 回投げる実験を考え，その実験のすべての結果は同程度に確からしいとする．結果は全部で 2^{10} だけあるから，実験のそれぞれの結果は確率 $1/2^{10}$ をもつ．確率変数 $\chi_k(E)$ を，k 回目に硬貨を投げたときの「表」の数とする $(k = 1, 2, \ldots, 10)$ [*1]．明らかに，χ_k は結果 E_i に依存して，二つの値 1 と 0 しかとらない．つまり，k 回目の硬貨投げが「表」であるという事象の定義関数である．集合 E_i $(i = 1, \ldots, 2^{10})$ 上で定義され，10 回の硬貨投げにおいて「表」の出た回数を表す確率変数 ξ を考えよう．確率変数 ξ は，どういう値を，どういう確率でとるだろうか？

解． ξ が 0 から 10 までのどれかの整数値をとり，確率が

$$P(\xi = 0) = \frac{1}{2^{10}}, \ P(\xi = 1) = \frac{{}_{10}C_1}{2^{10}}, \ \ldots,$$

$$P(\xi = m) = \frac{{}_{10}C_m}{2^{10}}, \ \ldots, \ P(\xi = 10) = \frac{{}_{10}C_{10}}{2^{10}} = \frac{1}{2^{10}}$$

となることは，定義から容易にわかる．$\sum_{m=0}^{10} {}_{10}C_m = 2^{10}$ であるから，明らかにこれらの和は 1 である．この分布はすでに 4.1 節において，2 通りの結果をとる独立な試行において，ベルヌーイの公式と関連して出て来た 2 項分布である．

ここで，ξ が確率変数の和

$$\xi = \chi_1 + \chi_2 + \cdots + \chi_{10}$$

で表されるという重要なことに気づく．ただし，このことによって確率 $P(\xi = m)$ の計算が容易になるわけではない．

[*1] (訳注) 表が出れば 1，裏が出れば 0 と考えている．

この例はまた，確率変数 $\chi_1,\ldots,\chi_{10}$ 全体が同時に与えられ，それらの同時分布を考えることができる，という点で有益である．すなわち，確率変数 χ_1 が値 a_1 を，χ_2 が値 a_2 を，$\ldots$，χ_{10} が値 a_{10} をとる事象が起こる確率が $P(\chi_1=a_1,\ldots,\chi_{10}=a_{10})$ によって表されるのである．ここで，a_i は 1 か 0 である．

二つの確率変数 ξ と η は，これらのとる任意の値 a,b に対して，等式
$$P(\xi=a,\eta=b)=P(\xi=a)P(\eta=b)$$
が成り立つときに**独立**であるという．

[**例 4**] サイコロを投げるときに，最初に出た目の数を確率変数 ξ とし，2 回目に出る目の数を η とする．そのとき，2 回のサイコロ投げのすべての結果が同程度に確からしいという条件の下で，確率変数 ξ と η が独立であることを示そう．

解． 実際，2 回のサイコロ投げの結果は，全部で 36 通りある．それらを，$E_{ij}(i,j=1,2,3,4,5,6)$ で表そう．ここで，最初のサイコロ投げの目の数が i，2 度目の目の数が j である．明らかに，任意の j に対して $\xi(E_{ij})=i$，任意の i に対して $\eta(E_{ij})=j$ である．この場合，事象 E_{ij} は事象 $\{\xi=i,\eta=j\}$ であり，その確率は $1/36$ である．事象 $\{\xi=i\}$ は，6 個の同程度に確からしい結果 $E_{ij}(j=1,\ldots,6)$ を含む．したがって，確率変数 ξ は，それのとりうる値 $1,2,3,4,5,6$ の各々を，確率 $1/6$ でとる．同じことが η についてもいえる．こうして，任意の i,j に対して
$$P(\xi=i,\eta=j)=P(\xi=i)P(\eta=j)=\frac{1}{6}\cdot\frac{1}{6}=\frac{1}{36}.$$

同じように，確率変数 $\xi_1,\ldots,\xi_n$ の全体は，確率変数 $\xi_1,\ldots,\xi_n$ のとるすべての値の組 $a_1,\ldots,a_n$ に対して
$$P(\xi_1=a_1,\xi_2=a_2,\ldots,\xi_n=a_n)=P(\xi_1=a_1)P(\xi_2=a_2)\cdots P(\xi_n=a_n)$$
が成り立つならば，**独立**(または，**互いに独立**) であると定義する．

最後に，二つの結果をもつベルヌーイの独立な試行が，互いに独立な確率変

数の集合，すなわち，引き続いて試行がおこなわれるときに起こる同一の事象の定義関数の集合としても，定義できることを注意しておこう (例 3 参照)．

演習問題 6.1

1. 与えられた集合 $E_1, E_2, \ldots, E_n$ に対し，全部でどれだけの定義関数があるか？

2. x-y 平面上に，1 から 10 までの整数値の座標をもつ 100 個の点がある．点 $1, 2, \ldots, 10$ において定義された 1 変数の (x または y の) 関数の組み合わせによって，これら (x-y 平面上) の点からなる任意の集合の定義関数を決めることは可能か？

3. 2 回の硬貨投げで，その結果が同様に確からしいとするとき，1 回目の投げの表の数という確率変数は，2 回目の表の数と独立であることを示せ．

4. サイコロを 3 回投げるとき，1 回目と 3 回目の目の数という確率変数は，独立であることを示せ．ただし，3 回の結果は，すべて同様に確からしいとする．

5. 四つの機械が一直線上に配置されていて，隣り合う機械間の距離は，すべて同じで a とする．1 人の労働者がこれらの機械を操作していて，作業の終った一つの機械から，四つの機械の任意のものに同一の確率で移動するものとする．毎回の移動の距離はどんな分布になるか？

6.2
確率変数の期待値

確率変数を完全に特徴づけるのは，その確率分布である．しかし，確率変数を特徴づけるいくつかの定数が，その特性を理解するのにとくに役に立っている．そうしたものの中で，とりわけ大きな役割を果たすのが**期待値** (または**平均値**) である．それは確率変数の分布によって定義される．つぎの例による説明から始めよう．

[例1] ある学校のパーティーで，はずれなしのくじ引きがおこなわれた．合計 N 人の各参加者には，入り口で料金と引き替えにくじ引き券を渡す．くじ引きの主催者は，a_i ルーブルの賞金が，N_i 人に当たる $(i = 1, \ldots, s;\ N_1 + N_2 + \cdots + N_s = N)$ ような仕方で賞金を決めるとしよう．このパーティーの各参加者の賞金は，どれだけだろうか？

解． a をくじ引き券の料金とする．そうすると，明らかにつぎの関係式を用いて計算することになる．ここで左辺と右辺は，くじ引きの主催者が集めた金額である：

$$aN = a_1 N_1 + a_2 N_2 + \cdots + a_s N_s.$$

したがって，

$$a = \frac{1}{N} \sum_{i=1}^{s} a_i N_i = \sum_{i=1}^{s} a_i \cdot \frac{N_i}{N}.$$

$p_i = N_i/N$ は賞金 a_i を引き当てる確率であると解釈できるので，この等式の右辺は，賞金の平均値である．くじ引きの賞金は，明らかに確率変数であり，a_i はこの確率変数のとる値である．こうして，くじ引き券の料金は賞金の平均値に等しくなければならない：

$$a = \sum_{i=1}^{s} a_i p_i,$$

すなわち，くじ引きの賞金という確率変数の平均値である．

非常に多くの理論的問題やまた応用上の問題において，確率変数の平均値の計算という類似の問題が発生する．

確率変数 ξ が，値

$$x_1, x_2, \ldots, x_m$$

を，それぞれ確率

$$p_1, p_2, \ldots, p_m$$

でとるとしよう．つまり，$p_i = P(\xi = x_i)$ とする．

確率変数の値とそれに対する確率との積を加えたものを，確率変数の**期待値**，

または**平均値**といい，記号 $E(\xi)$ で表す：

$$E(\xi) = \sum_{k=1}^{m} x_k p_k.$$

期待値の概念は，はるか昔 17 世紀中頃に，パスカル，フェルマー，ホイヘンスの仕事の中で，はじめて確率論に誕生した．「期待値」という用語は，多分，賭けの理論において，賞金の平均的な金額またはもっとも期待される賞金額と関係している．

[**例 2**] 試行において事象 A が実現する確率を $p = P(A)$ とする．1 回の試行において A が実現する期待値は何か？

解． 事象 A の定義関数である，確率変数 $\chi(A)$ を考察しよう．$\chi(A)$ は，事象 A が起これば 1，起こらなければ 0 という値をとる．これはまた，1 回の試行において事象 A が生起する回数でもある．そして，

$$P(\chi_A = 1) = p, \quad P(\chi_A = 0) = 1 - p = q.$$

期待値が

$$E(\chi_A) = 0 \cdot q + 1 \cdot p = p = P(A)$$

となることは明らかである．

[**例 3**] n 回の独立な試行がおこなわれ，毎回事象 A が確率 p で起こるとしよう．n 回の試行での事象 A の生起回数の平均値はどれだけか？

解． このベルヌーイ試行で，事象 A の生起回数を μ_n で表す．この確率変数の確率分布は，**2 項分布**である：

$$P(\mu_n = k) = {}_nC_k\, p^k(1-p)^{n-k}, \quad k = 0, 1, \ldots, n.$$

μ_n の平均値は，定義により

$$E(\mu_n) = \sum_{k=0}^{n} k \, {}_nC_k p^k(1-p)^{n-k}$$

である．

4.2 節でベルヌーイの定理の証明にさいして，

$$E(\mu_n) = np$$

であることが示されている.

この等式を,例5では平均値にかんする一般的性質から導こう.

[**例4**] 機械が円形に並んでいる.隣りあった機械との距離は a とし,機械は n 台あるとする.職人が時計回りで円周上を動きながら,呼び出しの発生に応じて作業をしている.作業のための呼び出しの発生する確率は,各機械ごとに同じで,$1/n$ とする.職人の移動距離の平均値を求めよ.ただし,職人は最初 0 番の機械のところにいるものとする.

解.作業のための呼び出しは,任意の機械で発生しうるから,職人には,長さが $0, a, 2a, \ldots, (n-1)a$ の道のり ξ を歩くことが要求される.移動距離の平均値は,

$$E(\xi) = \sum_{k=0}^{n-1} ka \cdot \frac{1}{n} = \frac{a}{2}(n-1)$$

である.

定義からわかる平均値の簡単な性質を挙げよう.c を定数とすると,

$$E(c) = c,$$
$$E(c\xi) = cE(\xi),$$
$$E(\xi + c) = E(\xi) + c.$$

この証明は,読者に練習問題としておこう.

一つ一つの確率変数の平均値がわかっているときに,それらの確率変数の和の平均値を計算する必要がひんぱんに起こる.

確率変数の和の平均値は,それぞれの確率変数の平均値の和である:
$$E(\xi + \eta) = E(\xi) + E(\eta).$$

証明.実際,x_i, y_j をそれぞれ確率変数 ξ, η のとる値とすると,

$$E(\xi+\eta) = \sum_i \sum_j (x_i+y_j) P(\xi=x_i, \eta=y_j)$$
$$= \sum_i \sum_j x_i P(\xi=x_i, \eta=y_j) + \sum_i \sum_j y_j P(\xi=x_i, \eta=y_j)$$
$$= \sum_i x_i \sum_j P(\xi=x_i, \eta=y_j) + \sum_j y_j \sum_i P(\xi=x_i, \eta=y_j)$$
$$= \sum_i x_i P(\xi=x_i) + \sum_j y_j P(\eta=y_j) = E(\xi) + E(\eta).$$

この結果は，任意個数の和に一般化できる：
$$E(\xi_1+\xi_2+\cdots+\xi_n) = E(\xi_1) + E(\xi_2+\xi_3+\cdots+\xi_n)$$
$$= E(\xi_1) + E(\xi_2) + E(\xi_3+\cdots+\xi_n)$$
$$= \cdots$$
$$= E(\xi_1) + E(\xi_2) + E(\xi_3) + \cdots + E(\xi_n).$$

[例5] 例3の期待値の計算に戻ろう．χ_k を k 回目の実験で事象 A が生起する個数とする．そのとき，$\mu_n = \chi_1 + \chi_2 + \cdots + \chi_n$ であり，
$$E(\mu_n) = E(\chi_1) + E(\chi_2) + \cdots + E(\chi_n).$$
しかし，例2で，$E(\chi_k) = p$ であることがわかっているから，
$$E(\mu_n) = np.$$

[例6] 二つのテーブルの上に，それぞれ，くじの入った二つの箱が置いてあり，箱は見かけ上はまったく同じで，区別できない．第一のテーブルでは，一方の箱に 1 個の賞品，もう一方の箱に 7 個の賞品が入っている．第二のテーブルでは，一方に 2 個，他方に 5 個の賞品が入っている．ある少年が最初にテーブルを選び，つぎにそのテーブル上の箱をあてずっぽうに選んで，中の賞品を取り出す．賞品の取り出された箱には，ただちに同じ賞品が補充される．ひとたび一方のテーブルを選ぶと，2 回目以降も同じテーブルを選んで同じ操作を繰り返す．n 回の操作で，平均してより多くの賞品を手に入れるには，どちら

のテーブルを選ぶほうがよいだろうか？

解． 少年が第一のテーブルから k 回目に獲得した賞品の個数を ξ_k をとし，第二のテーブルの場合には，それを η_k とする．少年が n 回とも第一のテーブルから箱を取るならば，彼は $\xi_1 + \xi_2 + \cdots + \xi_n$ 個の賞品を取り，第二のテーブルの場合には $\eta_1 + \eta_2 + \cdots + \eta_n$ 個である．獲得賞品の個数の平均値を求めよう．$E(\xi_k) = 1 \cdot \frac{1}{2} + 7 \cdot \frac{1}{2} = 4, E(\eta_k) = 2 \cdot \frac{1}{2} + 5 \cdot \frac{1}{2} = 3.5$ であるから，n 回では，第一のテーブルからは平均 $4n$ 個の賞品を手に入れ，第二のテーブルからは $3.5n$ 個の賞品を得る．

いま解決した確率変数の和についての問題は，積についても発生する．確率変数の積の平均値を，それぞれの平均値で表せるだろうか？独立な確率変数の場合には，その積の平均値は，それぞれの平均値の積になることがわかる．

二つの独立な確率変数の積の期待値は，それぞれの期待値の積に等しい：
$$E(\xi\eta) = E(\xi)E(\eta).$$

証明． 独立な確率変数 ξ, η がそれぞれ x_i, y_j の値をとるとしよう．各対 (x_i, y_j) に対して，二つの事象 $\{\xi = x_i\}, \{\eta = y_j\}$ が同時に生起する事象の確率は，これらの事象の確率の積に等しい：

$$P(\xi = x_i, \eta = y_j) = P(\xi = x_i)P(\eta = y_j).$$

明らかにつぎの等式が成り立つ：

$$E(\xi\eta) = \sum_i \sum_j x_i y_j P(\xi = x_i, \eta = y_j)$$

$$= \sum_i \sum_j x_i y_j P(\xi = x_i) P(\eta = y_j)$$

$$= \left(\sum_i x_i P(\xi = x_i)\right)\left(\sum_j y_j P(\eta = y_j)\right) = E(\xi) \cdot E(\eta).$$

[例 7] 抵抗が偶然の状況 (温度，湿度，媒質などの変化) によって左右される導体を電流が流れるものとする．そのとき，電流の強さもまた偶然に依存する

ことになる．導体の抵抗 R の平均値が 25 オームで，電流の強さ I の平均値が 6 アンペアであるとする．抵抗と電流の強さが独立であるとしたとき，電圧の平均値 V を求めよう．

解． オームの法則によれば，$V = RI$ である．条件により，$E(R) = 25$ オーム，$E(I) = 6$ アンペアであるから，$E(V) = E(RI) = E(R) \cdot E(I) = 25 \cdot 6 = 150$ ボルトである．

演習問題 6.2

1. 二つのサイコロを投げたときの結果を E_{ij}, $i = 1,2,3,4,5,6; j = 1,2,3,4,5,6$ とし，$P(E_{ij}) = 1/36$ とする．$\xi = \xi(E_{ij})$ を一番のサイコロを投げたときの目の数という確率変数，$\eta = \eta(E_{ij})$ を二番のサイコロの目の数の確率変数とする．$E(\xi\eta) = E(\xi) \cdot E(\eta)$ を示せ．

2. 面に $(1, 2, 3, 4, 5, 6)$ の数が記されている通常のサイコロと，$(1, 1, 1, 4, 4, 4)$ の数が記されているサイコロを別々に投げる．3 回のサイコロ投げで面に記されている数の合計が 9 以上である確率がより大きくなるのは，どちらのサイコロの場合か？

    ヒント．1 番と 2 番のサイコロを投げたときの目の数の和 S_1, S_2 の分布が，それぞれ 10.5 と 7.5 について対称であることを示せ．これらの平均値を比較するとよい．

3. たからくじ「36 の 5」で，(1 から 36 までの番号のうちから自分で選んだ)5 個の番号のうちの 5 個, 4 個, 3 個の番号が当たれば，それぞれ 1 万ルーブル，175 ルーブル，8 ルーブルを貰えるとする．同様に，「49 の 6」のくじでは，1 万ルーブル，2730 ルーブル，42 ルーブル，3 ルーブルを貰えるとする．このくじ引きを十分多くおこなったとすれば，どちらが参加者にとってより有利だろうか？

6.3 確率変数の分散

確率変数の分布の全体の姿を知るためには，その平均値だけでなく，この平均値のまわりのその値のバラツキの様子を知ることが重要である．この事情を説明する典型的な例は，測定の偶然誤差の分布である．測定のさいの誤差の大きさを ω とする．そのさい，観測者や測定器具の特質に関係する系統的な誤差はないものとすると誤差の期待値（平均値）は 0 である．等式 $E(\omega) = 0$ となることは，正負の誤差が平均すると互いに釣り合うことから納得できる．しかし，測定誤差の絶対値が小さく，したがって，測定結果は測定すべき量に近い値であって，毎回の測定値は確実に当てにできると考えてよいのか？それとも，大きな誤差がかなり頻繁に，正負の符号で出現しているのか？という重要な問いに対しては回答を与えてくれない．

確率論では，確率変数の平均値のまわりでのバラツキを測るために，分散という概念を使っている．確率変数 ξ の，その期待値 $E(\xi)$ からの変位の自乗の期待値を，ξ の**分散**と呼び，記号 $V(\xi)$ で表す．すなわち，

$$V(\xi) = E[(\xi - E(\xi))^2].$$

分散の簡単な性質が，この定義から出てくる：

$$V(\xi) \geqq 0, \quad V(c) = 0,$$

$$V(c\xi) = c^2 V(\xi), \quad V(\xi + c) = V(\xi).$$

ここで，c は定数である．

分散を定義するのに別な形を用いることもできる．つまり，

$$V(\xi) = E(\xi - E(\xi))^2 = E(\xi^2 - 2\xi E(\xi) + (E(\xi))^2)$$
$$= E(\xi^2) - 2(E(\xi))^2 + (E(\xi))^2 = E(\xi^2) - (E(\xi))^2.$$

[例1] 事象 A の定義関数 χ_A の分散を計算しよう．

6.3 確率変数の分散

$$P(\chi_A = 1) = p, \quad P(\chi_A = 0) = 1 - p = q$$

とする.

そうすると, 6.2節の例2で示したように, $E(\chi_A) = p$. そこで $E(\chi_A^2)$ を求めよう. 容易にわかるように, χ_A^2 は χ_A とまったく同じ分布をする:

$$P(\chi_A^2 = 1) = p, \quad P(\chi_A^2 = 0) = q.$$

したがって,

$$V(\chi_A) = E(\chi_A^2) - (E(\chi_A^2))^2 = p - p^2 = pq.$$

以後のためには, 分散のつぎの性質が重要である.

独立な確率変数の和の分散は, それらの分散の和である:
$$V(\xi_1 + \xi_2 + \cdots + \xi_n) = V(\xi_1) + V(\xi_2) + \cdots + V(\xi_n)$$

証明.

$$\bigl[(\xi_1 + \xi_2 + \cdots + \xi_n) - \bigl(E(\xi_1) + E(\xi_2) + \cdots + E(\xi_n)\bigr)\bigr]^2$$

$$= \bigl[(\xi_1 - E(\xi_1)) + \cdots + (\xi_n - E(\xi_n))\bigr]^2$$

$$= \sum_{k=1}^{n} (\xi_k - E(\xi_k))^2 + \sum_{i \neq j} E\bigl[(\xi_i - E(\xi_i))(\xi_j - E(\xi_j))\bigr].$$

これから, 左辺と右辺の期待値を計算すれば,

$$V\Bigl(\sum_{k=1}^{n} \xi_k\Bigr) = \sum_{k=1}^{n} V(\xi_k) + \sum_{i \neq j} E[(\xi_i - E(\xi_i))(\xi_j - E(\xi_j)].$$

右辺の第2項において,

$$E\bigl[(\xi_i - E(\xi_i))(\xi_j - E(\xi_j))\bigr]$$

$$= E[\xi_i \xi_j - \xi_i E(\xi_j) - \xi_j E(\xi_i) + E(\xi_i) E(\xi_j)]$$

$$= E(\xi_i \xi_j) - E(\xi_i) E(\xi_j) - E(\xi_j) E(\xi_i) + E(\xi_i) E(\xi_j)$$

$$= E(\xi_i \xi_j) - E(\xi_i) E(\xi_j).$$

(この計算では，期待値の簡単な性質を用いた)．しかし，$i \neq j$ のとき確率変数 ξ_i と ξ_j とは独立である．独立な確率変数の積の期待値にかんする性質によって，

$$E(\xi_i \xi_j) = E(\xi_i) E(\xi_j)$$

であるから，右辺第 2 項はすべて 0 である．したがって，

$$V\Big(\sum_{k=1}^{n} \xi_k\Big) = \sum_{k=1}^{n} V(\xi_k).$$

この証明で使われたのは，確率変数 $\xi_1, \ldots, \xi_n$ がペアごとに独立であるということのみで，互いに独立であるということではないことに注意してほしい．

[例 2] n 回のベルヌーイ試行における事象 A の出現回数 μ_n の分散を求めよう．

解． $$P(\mu_n = m) = {}_nC_m p^m (1-p)^{n-m}$$

で，$E(\mu_n) = np$ であるから，μ_n の分散は

$$V(\mu_n) = \sum_{m=0}^{n} (m - np)^2 \, {}_nC_m \, p^m (1-p)^{n-m}$$

の形になる．しかし，いま証明した性質を使うと，はるかに簡単に計算できる．実際，$\mu_n = \chi_1 + \cdots + \chi_n$ であり，χ_k は k 回目の試行において事象 A が生起するか否かを表す数，つまり，事象 A の定義関数である．そして，$V(\chi_k) = pq$ (例 1 を参照) であるから，

$$V(\mu_n) = npq.$$

演習問題 6.3

1. 貨幣をランダムに 5 回投げる．表の出る回数を ξ，連続して表の出る回数の最大値を η とする．ξ と η の分布を求めよ．また，それぞれの期待値と分散を求めよ．

2. 二つのサイコロを投げる．1 番目のサイコロの目の数を x，2 番目のほうの目の数を y とする．x と $z = \max(x, y)$ の分布と $E(x), V(x), E(z), V(z)$ を求めよ．

3. 通常のサイコロおよび (1, 1, 1, 6, 6, 6) の面のサイコロをそれぞれ 3 回投げる. 目の数の和の合計が 15 以上になる確率の大きいのは, どちらのサイコロか? 二つのサイコロについて, それぞれ, この和の期待値と分散を求めよ.

4. $E(\xi) \leqq \sqrt{E(\xi^2)}$ を示せ.

6.4
大数の法則 (チェビシェフの定理)

ここでは, 4.2 節で述べたベルヌーイの定理の証明に使った一つの課題に戻ろう. ベルヌーイの形で表された重要な極限定理は, 大数の法則と呼ばれていて, 広く一般化できることがわかっている. 19 世紀のもっとも偉大な数学者の 1 人である P.L. チェビシェフ (1821–1894) によるすばらしい定理を紹介しよう. チェビシェフの定理は, その応用の広さのみでなく, その証明の議論が著しく簡単なことによっても, 興味がある. その議論の基礎にあるのが, P.L. チェビシェフによって証明された不等式であり, それは後に, 確率論だけでなく, 他の多くの数学の分野でも, 広く応用されている.

> **チェビシェフの不等式**. 確率変数 ξ の期待値 $E(\xi)$ と分散 $V(\xi)$ がともに有限ならば, 任意の正数 α に対して, 不等式
> $$P(|\xi - E(\xi)| \geqq \alpha) \leqq V(\xi)/\alpha^2$$
> が成り立つ.

証明. x_i を確率変数 ξ のとる一つの値とし, $p_i = P(\xi = x_i)$ を対応する確率とする. 定義により,
$$V(\xi) = \sum_i \left(x_i - E(\xi)\right)^2 p_i.$$

この和において, $|x_i - E(\xi)| < \alpha$ であるものを捨て, $|x_i - E(\xi)| \geqq \alpha$ であるもののみを残すとき, この和は減少する. つまり,

$$V(\xi) \geqq \sum_{|x_i - E(\xi)| \geqq \alpha} (x_i - E(\xi))^2 p_i$$

である．ここで，和は $|x_i - E(\xi)| \geqq \alpha$ である i についてのみとる．

右辺の因数 $(x_i - E(\xi))^2$ を最小値 α^2 で置き換えれば，右辺はさらに減少する．つまり，

$$V(\xi) \geqq \alpha^2 \sum_{|x_i - E(\xi)| \geqq \alpha} p_i,$$

しかし，

$$P(|\xi - E(\xi)| \geqq \alpha) = \sum_{|x_i - E(\xi)| \geqq \alpha} p_i$$

であるから，

$$V(\xi) \geqq \alpha^2 P(|\xi - E(\xi)| \geqq \alpha).$$

この不等式は，**チェビシェフの不等式**と呼ばれているものである．

さて，確率変数 $\xi_1, \xi_2, \ldots, \xi_n$ を考察しよう．これらの期待値 $E(\xi_1), E(\xi_2), \ldots, E(\xi_n)$ は既知であるとし，ξ の相加平均を η_n としよう．つまり，

$$\eta_n = \frac{1}{n}(\xi_1 + \cdots + \xi_n).$$

期待値の性質を用いれば，

$$E(\eta_n) = E\Big(\frac{\xi_1 + \cdots + \xi_n}{n}\Big) = \frac{E(\xi_1) + \cdots + E(\xi_n)}{n}.$$

相異なる n 個の確率変数

$$\eta_1 = \xi_1, \quad \eta_2 = \frac{\xi_1 + \xi_2}{2}, \quad \ldots, \quad \eta_n = \frac{\xi_1 + \cdots + \xi_n}{n}$$

と対応する期待値

$$E(\eta_1), \quad E(\eta_2), \quad \ldots, \quad E(\eta_n)$$

を考察しよう．この定理から，n が増加するとき η_n は $E(\eta_n)$ に近づいていくことがわかる．しかし，η_n は確率変数で $E(\eta_n)$ は一つの数であるから，n が増加するとき，η_n が $E(\eta_n)$ に収束するという主張は，確率論的性格をもつこ

とになる．$\xi_1, \xi_2, \ldots, \xi_n$ の相加平均の極限における挙動についてのこの主張は，もっとも一般的な形では，大数の法則の名で呼ばれている．さて，チェビシェフの形での大数の法則の証明に移ろう．

大数の法則 (チェビシェフの定理)．　$\xi_1, \xi_2, \ldots, \xi_n$ は互いに独立な確率変数で，その期待値は $E(\xi_k)$ とし，分散 $V(\xi_k)$ は定数 c を超えないものとする：
$$V(\xi_k) \leqq c, \quad k = 1, 2, 3, \ldots.$$
そのとき，$n \to \infty$ とすると，任意の正数 α に対して
$$P\left(\left|\frac{\xi_1 + \cdots + \xi_n}{n} - \frac{E(\xi_1) + \cdots + E(\xi_n)}{n}\right| < \alpha\right) \to 1.$$

証明．確率変数 $\eta_n = \dfrac{1}{n}(\xi_1 + \cdots + \xi_n)$ に対してチェビシェフの不等式は，任意の $\alpha > 0$ について
$$P(|\eta_n - E(\eta_n)| \geqq \alpha) \leqq \frac{V(\eta_n)}{\alpha^2}.$$
と書くことができる．この不等式の右辺は，$n \to \infty$ のとき 0 に収束することを示そう．互いに独立な確率変数に対しては，$V\left(\sum_k \xi_k\right) = \sum_k V(\xi_k)$ であるから，
$$V(\eta_n) = \frac{V(\xi_1 + \cdots + \xi_n)}{n^2} = \frac{V(\xi_1) + \cdots + V(\xi_n)}{n^2}.$$
条件 $V(\xi_k) \leqq c$ により，
$$V(\eta_n) \leqq \frac{cn}{n^2} = \frac{c}{n}.$$
これから，$n \to \infty$ のとき，明らかに $V(\eta_n) \to 0$ であるから，
$$P(|\eta_n - E(\eta_n)| \geqq \alpha) \to 0.$$
不等式 $\{|\eta_n - E(\eta_n)| \geqq \alpha\}$ と，逆向きの不等式 $\{|\eta_n - E(\eta_n)| < \alpha\}$ を考えると，
$$P(|\eta_n - E(\eta_n)| < \alpha) \geqq 1 - \frac{c}{n\alpha^2}.$$
そして，$n \to \infty$ のとき，

$$P(|\eta_n - E(\eta_n)| < \alpha) \to 1$$

となり，定理は証明できた．さらに n が増加するとき，$P(|\eta_n - E(\eta_n)| < \alpha)$ がどれくらい速く 1 に近づくかも明らかになった．

大数の法則は，期待値の確率論的意味を明らかにしたことを強調したい．

チェビシェフの定理の条件において，$E(\xi_k) = a$ がすべての k について成り立っているならば，チェビシェフの定理は，つぎのような非常に簡単な形になる：$n \to \infty$ のとき，任意の正数 $\alpha > 0$ に対して，
$$P\left(\left|\frac{1}{n}(\xi_1 + \cdots + \xi_n) - a\right| < \alpha\right) \to 1.$$

このチェビシェフの定理からの結論に対して，つぎのような解釈を与えることができる．n 人の観測者が，系統的な誤りなしに量 a を測定し，それゆえ，彼らの測定誤差が比較できると仮定する．そのとき，測定の回数が多ければ，彼らの結果の相加平均が，測定される量に近い値になる確率はいくらでも 1 に近くなる．実験科学で広く使われている相加平均の原理の基礎を，ここに見ることができる．

4.2 節で証明されたベルヌーイの定理は，チェビシェフの定理の特別な場合である．実際

確率変数がそれぞれ確率 p と $q = 1-p$ で二つの値 1 と 0 のみを取る (ベルヌーイ試行) ならば，ベルヌーイの形での大数の法則が成り立つ：
$$P\left(\left|\frac{1}{n}(\xi_1 + \cdots + \xi_n) - p\right| < \alpha\right) \to 1.$$

ここで，$\alpha > 0$ で，$\frac{1}{n}(\xi_1 + \cdots + \xi_n)$ は 1 の出現する相対頻度である．ある事象の生起する頻度が，試行回数の増大とともに，その事象の確率に限りなく近づくというこの定理は，歴史的には大数の法則の最初の形であり，確率の統計的定義に使われた．

この節の最後にあたって，大数の法則は，多数の確率変数が作用しあう結果，かなりゆるやかな条件のもとで頻度が安定するという一般的原理を表しており，その現象は日常的にいつも見られるということに注意しておこう．大量現象の法則性にかかわる物理学，経済学ほかの多くの学問分野が，このことに基礎を置いている．

演習問題 6.4

1. 硬貨を 1600 回投げる．表が $a)$ 1200 回以上，$b)$ 900 回以上出る確率はどれくらい大きいだろうか．

2. 粒子が確率 0.01 で遮蔽膜を通り抜ける．100 個の粒子が発射されるとき，通過する粒子の平均個数はいくつか？ そのとき 11 個以上の粒子が通過する確率を求めよ．

6.5
母関数

非負の整数値のみをとる確率変数を考える．確率変数 X は，値 $k = 0, 1, 2, \ldots$ をとり，$p_k = P\{X = k\}$ とする．そのとき，変数 s の関数

$$f_X(s) = \sum_k p_k s^k, 0 \leqq s \leqq 1$$

を確率変数 X の**母関数**という（ここでも，また，この先においても，記号 $\sum$ は確率変数 X のとるすべての値 k について和をとるものとする）．容易にわかるが，X が有限個の値 $0 \leqq k \leqq n$ をとるときには，$f_X(s)$ は n 次の多項式になり，その係数は対応する確率 p_k である．関数 $f_X(s)$ の簡単な性質を導こう．たとえば，$f_X(0) = P(X = 0)$ であり，これが 1 より小ならば，$f_X(s)$ は，$0 \leqq s \leqq 1$ において真に増加する関数である．点 $s = 1$ では，等式 $f_X(1) = \sum_k p_k = 1$ となる．さらに，確率変数 X の期待値 $E(X)$ と分散 $V(X)$ を，母関数 $f_X(s)$ から求めてみよう．まず $s = 1$ のとき，$f_X(s)$ の微係数を計算すると，

$$f'_X(1) = \sum_k P(X=k) \cdot k = E(X),$$

すなわち，$s=1$ における 1 階の微係数は，確率変数 X の期待値に等しい．2 階の微係数を求めよう．

$$f''_X(1) = \sum_k P(X=k) \cdot k(k-1)$$

$$= \sum_k P(X=k) \cdot k^2 - E(X) = E(X^2) - E(X).$$

$V(X) = E(X^2) - (E(X))^2$ であるから，

$$V(X) = f''_X(1) - (f'_X(1))^2 + f'_X(1).$$

確率 $P(X=k)$ は，母関数の点 $s=0$ での微係数を用いて表すことができる．実際，

$$f_X(0) = P(X=0)$$

であり，また，

$$f'_X(0) = P(X=1).$$

母関数の $s=0$ における k 階の微係数を計算すると，

$$f_X^{(k)}(0) = k! P(X=k)$$

となるから，

$$P(X=k) = \frac{f_X^{(k)}(0)}{k!}.$$

こうして，母関数の点 $s=0$ と $s=1$ での微係数によって，確率変数 X を特徴づけるすべての基本的な量を計算できる．

さて，X のほかにもう一つの非負の値をとり，X とは独立な確率変数 Y を考え，それらの和 $X+Y$ の母関数を求めよう．まず，

$$P(X+Y=k) = \sum_{l=0}^k P(X=l, Y=k-l)$$

が成り立ち，さらに，X, Y が独立だから，任意の k, l に対して，

$$P(X=l, Y=k-l) = P(X=l)P(Y=k-l)$$

となるので,

$$\begin{aligned}
f_{X+Y}(s) &= \sum_k P(X+Y=k)s^k \\
&= \sum_k \sum_l P(X=l)P(Y=k-l)s^l s^{k-l} \\
&= \sum_l P(X=l)s^l \cdot \sum_m P(Y=m)s^m = f_X(s)f_Y(s).
\end{aligned}$$

こうして,<u>独立な確率変数の和の母関数は,これらの確率変数の母関数の積である</u>.

母関数は,これ以後組み合せの問題を解いたり,第7章,第8章の「極限定理」を導くのに応用される.

注意. 解析学では,母関数は,必ずしも有限では終わらない任意の実数列

$$a_0, a_1, a_2, \ldots, a_n, \ldots$$

に対して定義される. 一般の場合,母関数は形式的に,$0 \leqq s \leqq 1$ に対して

$$f(s) = a_0 + a_1 s + a_2 s^2 + \cdots$$

と書かれる. しかし,つぎのような問題が起こる (それは有限数列 $a_0, a_1, \ldots, a_n$ では起こらなかったものである): どのような s に対して,この関数は有限の値をもつか? たとえば,明らかに,すべての k に対して $a_k = 1$ という場合では,

$$f(1) = 1 + 1 + 1 + \cdots + \cdots$$

の値は無限大である. われわれに興味のある $\sum_{k=0}^{\infty} a_k \leqq 1$ の場合では,$0 \leqq s \leqq 1$ において,$f(s)$ を公比 s の等比級数と比較できる:

$$f(s) = \sum_{k=0}^{\infty} a_k s^k \leqq \sum_{k=0}^{\infty} s^k = \frac{1}{1-s}.$$

そして,$s = 1$ を除けば,考えているすべての s に対して,$f(s)$ は有限の値をとることがわかる. しかし,もしも,$\sum_{k=0}^{\infty} a_k = 1$ ならば,$f(s)$ は $s = 1$ でも有限である:

$$f(1) = \sum_{k=0}^{\infty} a_k = 1.$$

たとえば，$0 < p < 1, q = 1-p$ で $a_k = pq^k, k = 0, 1, 2, \ldots$ ならば，

$$\sum_{k=0}^{\infty} a_k = p \sum_{k=0}^{\infty} q^k = p \cdot \frac{1}{1-q} = 1,$$

$$f(s) = \sum_{k=0}^{\infty} a_k s^k = p \sum_{k=0}^{\infty} (qs)^k = \frac{p}{1-qs}.$$

演習問題 6.5

1. この章 6.1 節の例 3 の確率変数 ξ の母関数を求めよ．

2. 確率が $P(A)$ の事象 A の定義関数 χ_A の母関数を求めよ．

3. 6.2 節の例の確率変数 μ_n の母関数を求めよ

第7章
ベルヌーイ試行列，ランダム・ウォークと統計的推論

7.1
ベルヌーイ試行

　この章では，確率論においてもっとも重要なモデルの一つである，ベルヌーイ試行に戻ろう．それは2通りの結果をもつ独立試行で，4.1節で導入したものである．通常，結果の一つを「成功」(事象 A)，他の一つを「失敗」(事象 $\overline{A}$) と呼ぶ．毎回の試行において，「成功」は同一の確率 p $(0 < p < 1)$ で起こり，「失敗」は確率 $q = 1 - p$ で起こるものと仮定する．確率変数の概念とことばを用いると (6.1節を参照)．ベルヌーイ試行はつぎのように4.1節と同等な定義をすることができる．すなわち，0 と 1 の二つの値しかとらない確率変数の列 $X_1, X_2, \ldots, X_n$ を考える．$\{X_i = 1\} = A$, $\{X_i = 0\} = \overline{A}$ とすると，

$$P(X_i = 1) = p, \quad P(X_i = 0) = q$$

である．こうして，確率変数 X_i は，第 i 回目の試行に対する事象 A の定義関数であるということができる $(i = 1, 2, \ldots, n)$．また，確率変数 $X_1, \ldots, X_n$ は互いに独立であることも仮定しよう．そうすると，$X_1, \ldots, X_n$ は，独立なベルヌーイ試行の列となる．

　n 回のベルヌーイ試行における成功の回数は，$X_1, \ldots, X_n$ の和に等しい．すなわちそれは，確率変数 $S_n = X_1 + \cdots + X_n$ によって表される．この確率変

数は 2 項分布にしたがう. すなわち,
$$P(S_n = m) = {}_nC_m p^m q^{n-m}, \quad m = 0, \ldots, n$$
であり, また「成功」数の期待値は $E(S_n) = np$ で, 分散は $V(S_n) = npq$ である (6.2 節, 6.3 節を参照).

明らかに, 値 $+1$ (「成功」) と -1 (「失敗」) を確率
$$p = P(Y_i = 1), \qquad q = P(Y_i = -1)$$
でとる互いに独立な確率変数の列 $Y_1, \ldots, Y_n$ もまた, ベルヌーイ試行を表している. ここで, 確率変数 X_i と Y_i は, 関係式
$$Y_i = 2X_i - 1, \quad i = 1, \ldots, n$$
で結ばれている. そして, $S'_n = Y_1 + \cdots + Y_n$ は, n 回の試行における「成功」の回数と「失敗」の回数の差を表している. つまり, $S'_n = 2S_n - n = S_n - (n - S_n)$ である. $\{S_n = m\} = \{S'_n = 2m - n\}$ であるから, 確率変数 S'_n の分布は S_n の分布によって決まる. すなわち, 式
$$P(S'_n = k) = {}_nC_{\frac{n+k}{2}} p^{\frac{n+k}{2}} q^{\frac{n-k}{2}}, \quad k = -n, \ldots, 0, \ldots, n \tag{7.1}$$
によって決まる ($n + k$ は偶数). S'_n の期待値と分散は, それぞれ
$$E(S'_n) = n(p - q), \qquad V(S'_n) = 4npq$$
に等しい (演習問題 1 を参照).

大数の法則により, 任意の $\varepsilon > 0$ に対して, $n \to \infty$ のとき,
$$P\left(\left| \frac{S_n}{n} - p \right| > \varepsilon \right) \to 0, \tag{7.2}$$
$$P\left(\left| \frac{S'_n}{n} - (p - q) \right| > \varepsilon \right) \to 0, \tag{7.3}$$
となる.

以下の節では, 理論的にベルヌーイ試行の枠組みに入っていて, 疑いなく実際的興味を呼び起こす問題を調べることにする. 7.2 節と 7.3 節では直線上のランダム・ウォークを, 7.4 節ではベルヌーイ試行において発生するもっとも簡単な統計の問題を考える.

7.2
ベルヌーイ試行に対応する1次元ランダム・ウォーク

　ベルヌーイ試行から生ずるランダム・ウォークを考えよう．原点を出発した粒子が，1単位時間後に確率 p $(0<p<1)$ で上に1だけ移動し，確率 $q=1-p$ で下に1だけ移動するとする．そのあとも1単位時間ごとに，粒子はそれまでの位置とは無関係に，同様なことを繰り返すものとする．こうして，n 単位時間には粒子は，1.4節あるいは1.5節のグラフで示したような経路をたどることになる．この n 単位時間の粒子の運動の経路は，全部で 2^n 個だけある．しかし今度は，これらの経路は，決して同程度に確からしくはない．

　n 単位時間の粒子の移動の軌跡は，二つの結果(上へ1動く—「$+1$」，下へ1動く—「-1」)をもつ独立な n 回の試行の系列，つまりベルヌーイ試行の系列として考察できる．確率 $p, q = 1-p$ で，それぞれ $+1, -1$ の値をとる互いに独立な n 個の確率変数 $X_1, \ldots, X_n$ を考えよう．そのとき，これらの確率変数のとる値の列，たとえば，$1, 1, -1, 1, 1, -1, 1, -1, -1, \ldots, 1$ は，粒子の運動のある軌跡に対応している．粒子の軌跡を記述するには，X_i 自身よりは，その和を用いるほうが好都合である：

$$\begin{aligned} S_0 &= 0, \\ S_i &= X_1 + \cdots + X_i, \qquad i = 1, \ldots, n. \end{aligned} \tag{7.4}$$

和 S_n の値は，時刻 n における粒子の位置を示す．たとえば，事象 $\{S_n = y\}$ は，時刻 n において粒子が縦座標 y の位置にいることを示している．n 単位時間の粒子の運動の軌跡は，$S_0, S_1, \ldots, S_n$ によって一意的に決まる．逆に，式 (7.4) によって定義される確率変数列 $S_0, S_1, \ldots, S_n$ は，粒子のある軌道と見ることができる．

　7.1節からわかるように，確率変数 S_n の分布は，

$$P(S_n = k) = {}_nC_{\frac{n+k}{2}} \, p^{\frac{n+k}{2}} q^{\frac{n-k}{2}} \tag{7.5}$$

によって与えられる(ここで，n と k はともに偶数か，ともに奇数)．この式は，運

動している粒子が時刻 n で縦座標 k の点に到達する確率を与える．$p=q=1/2$ のときには，

$$P(S_n = k) = {}_nC_{\frac{n+k}{2}}\, 2^{-n}$$

となるが，これは対称なランダム・ウォークを表しており，第 5 章でくわしく考察した．

ランダム・ウォークする粒子の原点へ復帰の問題の解決に移ろう．これはベルヌーイ試行によって説明される．問題の非対称性のために，原点はもはや対称な場合のような役割をもたず，粒子の挙動は確率 p,q の比に依存することは，直感的に明かである．

時刻 $2n$ で 0 への復帰をする確率 u_{2n} と，時刻 $2n$ で 0 への最初の復帰をする確率 f_{2n} をふたたび導入しよう：

$$u_{2n} = P(S_{2n} = 0)$$

$$f_{2n} = P(S_2 \neq 0, \ldots, S_{2n-2} \neq 0, S_{2n} = 0).$$

また，いつかは原点に復帰する確率 $f = \sum_{n=1}^{\infty} f_{2n}$ を決定する必要がある．対称な場合と同様に (式 (5.20) を参照)，全確率の公式によって，

$$u_{2n} = \sum_{k=0}^{n} f_{2k} u_{2n-2k} = \sum_{k=0}^{n} f_{2n-2k} u_{2k}, \quad n \geqq 1 \tag{7.6}$$

と書くことができる．ここで，$u_0 = 1, f_0 = 0$ である．式 (7.5) で $k=0$ とし，n を $2n$ で置き換えれば，容易に

$$u_{2n} = {}_{2n}C_n\, p^n q^n$$

となることがわかる ($p = q = 1/2$ のときには，おなじみの $u_{2n} = {}_{2n}C_n\, 2^{-2n}$ を得る)．母関数を用いて確率 f_{2n} と f を求めよう．

<u>母関数についてのコメント．</u> 以後のために，より一般的な仕方で母関数の重要な性質の一つを，もういちど定式化しておこう．二つの数列 $\{a_i\}, \{b_j\}$ とつぎの式で定義される新しい数列 $\{c_n\}$：

$$c_n = a_0 b_n + a_1 b_{n-1} + \cdots + a_n b_0, \quad n = 0, 1, 2, \ldots$$

を考察しよう. $f_1(z), f_2(z)$ を, それぞれ数列 $\{a_i\}, \{b_j\}$ の母関数とする. そうすると, 数列 $\{c_n\}$ の母関数 $f(z)$ は

$$f(z) = f_1(z)f_2(z).$$

つまり, 母関数 $f_1(z)$ と $f_2(z)$ の積として表される. これは明らかに, 独立な確率変数の和の母関数の性質そのものである (141 ページ参照). しかしここでは, 数列 $\{a_i\}, \{b_j\}$ は, 確率分布であるとはかぎらない (数列 $\{a_i\}$ は, $a_i \geqq 0, \sum a_i = 1$ のときに, 確率分布とみなせることを想起しよう).

数列 $\{u_{2n}\}$ と $\{f_{2n}\}$ の母関数を導入しよう (6.5 節参照):

$$U(z) = \sum_{n=0}^{\infty} u_{2n} z^{2n}, \quad F(z) = \sum_{n=0}^{\infty} f_{2n} z^{2n}, \quad |z| < 1.$$

そうすると, 関数 $U(z)$ と $F(z)$ の間には, 式 (7.6) によってつぎの関係が成り立つことがわかる:

$$\begin{aligned}
U(z) - 1 &= \sum_{n=1}^{\infty} u_{2n} z^{2n} = \sum_{n=1}^{\infty} \Big(z^{2n} \sum_{k=1}^{n} f_{2k} u_{2n-2k} \Big) \\
&= \sum_{k=1}^{\infty} f_{2k} z^{2k} \Big(\sum_{n=k}^{\infty} u_{2n-2k} z^{2n-2k} \Big) \\
&= \Big(\sum_{k=1}^{\infty} f_{2k} z^{2k} \Big) \Big(\sum_{n=0}^{\infty} u_{2n} z^{2n} \Big) = F(z) U(z).
\end{aligned}$$

これから,

$$F(z) = 1 - \frac{1}{U(z)} \tag{7.7}$$

という関係式が得られる. つぎに, 確率 u_{2n} の母関数を求めよう. そのために, u_{2n} を

$$u_{2n} = \frac{{}_{2n}C_n}{2^{2n}} (4pq)^n$$

の形で表すと好都合である. そうすると,

$$U(z) = \sum_{n=0}^{\infty} u_{2n} z^{2n} = \sum_{n=0}^{\infty} \frac{{}_{2n}C_n}{2^{2n}} (4pqz^2)^n.$$

$2n-1$ までのすべての奇数の積を $(2n-1)!!$ で表そう. そうすると,
$$(2n)! = (2n-1)!!\, 2^n n!$$
であるから,
$$\frac{{}_{2n}C_n}{2^{2n}} = \frac{(2n)!}{2^{2n}(n!)^2} = \frac{(2n-1)!!\, 2^n n!}{2^{2n}(n!)^2} = \frac{(2n-1)!!}{2^n n!}$$
$$= \frac{1\cdot 3\cdot 5 \cdot\cdots\cdot (2n-1)}{2^n n!}$$
$$= \frac{\frac{1}{2}\cdot\frac{3}{2}\cdot\frac{5}{2}\cdot\cdots\cdot\frac{2n-1}{2}}{n!} = \frac{\frac{1}{2}(\frac{1}{2}+1)(\frac{1}{2}+2)\cdot\cdots\cdot(\frac{1}{2}+n-1)}{n!}.$$

これらを,任意の $m>0$ に対する, $|x|<1$ における関数 $(1-x)^{-m}$ のべき級数展開

$$(1-x)^{-m} = \sum_{n=0}^\infty \frac{m(m+1)\cdots(m+n-1)}{n!} x^n \tag{7.8}$$

の係数と比較しよう (訳注:$n=0$ のときの係数 $=1$ とする). そうすると,$4pqz^2 < 1$ のとき,

$$U(z) = \sum_{n=0}^\infty \frac{{}_{2n}C_n}{2^{2n}} (4pqz^2)^n = (1-4pqz^2)^{-\frac{1}{2}}.$$

容易にわかるように,

$$f = \sum_{n=1}^\infty f_{2n} = \lim_{z\to 1} F(z) = 1 - \frac{1}{\lim_{z\to 1} U(z)}.$$

これから,$z\to 1$ のときに $U(z)\to\infty$ となる (級数 $\sum u_{2n}$ が発散することと同値) ならば $f=1$ となり,また,$\sum u_{2n}$ が収束して,$U(1)=\sum u_{2n} < \infty$ となるならば $f<1$ となることがわかる.こうして,直線上のランダム・ウォークだけでなく,任意の次元のユークリッド空間についても成り立つ,つぎの一般的な定理が得られる (5.6 節を参照).

級数 $\sum u_{2n}$ が収束するか,発散するかに従って,確率 f は 1 より小さいか,あるいは 1 に等しい.

式 (7.7) から，$|z| \leqq 1$ のとき，
$$F(z) = 1 - (1 - 4pqz^2)^{1/2}$$
である．したがって，$f = 1 - (1 - 4pq)^{1/2}$．$1 - 4pq = (p-q)^2$ だから，結局
$$f = 1 - |p - q|$$
であり，いつかは原点に復帰する確率は

$$p = q = 1/2 \quad \text{ならば} \quad f = 1, \qquad p \neq q \quad \text{ならば} \quad f < 1$$

という結論に達した．こうして，ベルヌーイ試行に対応する直線上のランダム・ウォークでは，$p = q = 1/2$ の対称な場合に限って，いつかはかならず原点に戻ることがわかった．

$p > q$ あるいは $p < q$ のとき粒子の軌道はどうなるだろうか．それを知るために大数の法則に戻ろう．まず，粒子の軌道は，確率変数列 $S_0, S_1, \ldots, S_n$ によって与えられることに注意しよう．式 (7.3) をつぎのように書き換える：

$$P(|S_n - n(p-q)| > n\varepsilon) \to 0, \quad n \to \infty \qquad (7.9)$$

$p > q$ の場合，ランダム・ウォークのグラフに対して，2 直線 $n(p - q - \varepsilon)$, $n(p - q + \varepsilon)$ を引く (図 28)．そうすると，式 (7.9) からつぎの結論を引き出すことができる．すなわち，粒子の軌道は，平均してみると，直線 $n(p-q)$ に沿っている．そして，任意の $\varepsilon > 0$ と十分大きな n に対して，座標 S_n (時刻 n での粒子の位置) の点は，大きな確率で縦座標 $n(p - q - \varepsilon)$ と $n(p - q + \varepsilon)$ のあいだの区間に入るだろう．この主張は，「ほとんどすべての軌道がこのように振る舞う」というと，より正確な表現になる．つまり，時刻 n における運動する粒子の縦座標は，確率 1 で，この二つの限界のあいだにある[*1]．さらに確率 1 で粒子が入るこの限界自体も，もっと正確に求めることができる．それは，確率論における二つの有名な定理である，大数の強法則と重複対数の法則[*2] によって可能になった．しかし，その証明は，もっと入りくんだ手法を必要とするので，この本では取り扱うことができない．

こうして，$p > q$ のときには，粒子はたえず上へ流れる傾向があるし，$p < q$

[*1] (訳注)「確率 1 で…」という表現については，他の確率論の本，たとえば原著者も参考書に挙げている W. フェラー『確率論とその応用』I を参照．

[*2] (訳注) この二つの法則については，前掲 W. フェラー著の第 VIII 章，第 X 章を参照．

のときには下へ流れる傾向がある．そして，対称な場合にのみ原点に無限に復帰する．

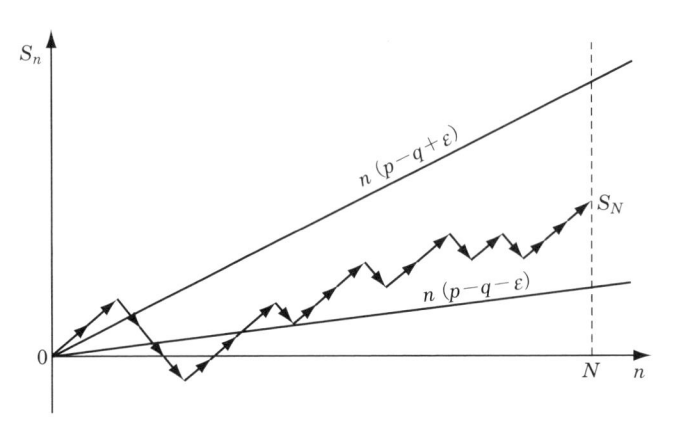

図 28 非対称なランダム・ウォークの軌道

7.3
破産問題

ランダム・ウォークの説明のなかで自然に発生する，もう一つの問題を考察しよう．原点を出発した粒子は，縦軸の有界な区間内を動き，その境界に来ると粒子は消滅し，運動は停止すると仮定しよう．たとえば，粒子が直線 $y = -a$ または $y = b$ $(a, b > 0)$ に到達すると，粒子は消滅するとしよう (通常，点 $y = -a$, $y = b$ に**吸収壁**があるという)(図 29a)．点 $y = b$ に到達する以前に，粒子が点 $y = -a$ で消滅する確率はどれだけか？

これ (または，その逆の問題) は，関連する問題のなかでもっとも興味ある問題と思われる．$a = \infty$ または $b = \infty$ ならば，この問題は対称なランダム・ウォーク (最初の到達の問題) で考察した．こうした，ちょっと見たところでは単純な問題の変形が，新しい内容豊かな結果をもたらすことがわかるだろう．明らかに，この運動は，$y = a$ を出発し，点 $y = 0$ および $y = a + b$ に境界が

ある運動と同等である (図 29b)．そこで，0 と $a+b$ に境界の点がある運動を考察しよう．

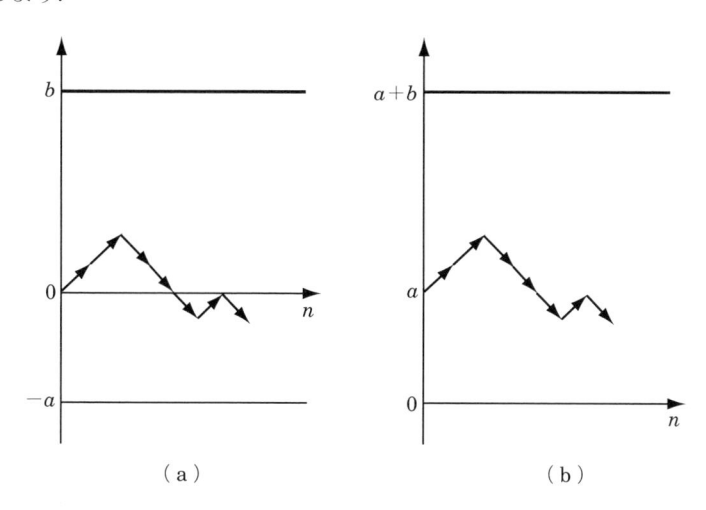

図 29　破産問題の説明

点 $y=a$ を出た粒子が，直線 $y=a+b$ に到達するよりも早く，直線 $y=0$ に到達する確率を q_a で表そう．しかし，この確率を正確に決定することは，点 a を出発する粒子の，無限個の軌道によってつくられる事象の集合においてのみ可能である．5.3 節でやったようにして，この困難を回避することにしよう．すなわち，n 回のベルヌーイ試行によって生ずる結果の集合，またはそれに対応する粒子の n 回の変位の集合の考察に限定するのである．

粒子が時刻 n までに点 0 に到達する確率を $q_{n,a}$ とする．確率 $q_{n,a}$ は，n が増加するとき減少して，確率 q_a という極限をもつ．同様に，直線 $y=0$ よりも早く，直線 $y=a+b$ に粒子が到達する確率 p_a を考えることができる．$p_a + q_a = 1$ となることを証明できるが，これによって無限ランダム・ウォークを考察する必要性は取り除かれるのである．

1 回目の試行の結果，粒子は $X_1 = 1$ のときには，点 $a+1$ に確率 $p\,(0<p<1)$ で，また，$X_1 = -1$ のときには，点 $a-1$ に確率 $q = 1-p$ で到達する．したがって，全確率の公式により，

$$q_a = pq_{a+1} + qq_{a-1}. \tag{7.10}$$

これは，確率 q_a を求めるための基本的関係式である．ここで，明らかに，$q_0 = 1, q_{a+b} = 0$ である．関係式 (7.10) を，より便利な形

$$q(q_a - q_{a-1}) = p(q_{a+1} - q_a) \tag{7.11}$$

に変形し，p と q の値について二つの場合を考察しよう．

1) $p = q = 1/2$ のとき．任意の a に対して

$$q_a - q_{a-1} = q_{a+1} - q_a = \Delta$$

である．ここで Δ は，定義により定数である．あきらかに，量 q_a は公差 Δ の等差数列であるから，

$$q_a = q_0 + a\Delta.$$

$q_0 = 1$ と $q_{a+b} = 0$ から，$0 = 1 + (a+b)\Delta$ であり，これから，$\Delta = -\dfrac{1}{a+b}$．こうして，求める確率は

$$q_a = 1 - \frac{a}{a+b} = \frac{b}{a+b}. \tag{7.12}$$

同様にして，確率 p_a を求めると

$$p_a = \frac{a}{a+b}$$

となり，したがって $p_a + q_a = 1$ となる．

2) $p \neq q$ のとき．$q/p = \lambda$ と置こう．式 (7.11) から，

$$q_{a+1} - q_a = \lambda(q_a - q_{a-1}).$$

したがって，

$$q_{a+1} - q_a = \lambda^a(q_1 - q_0).$$

この両辺を 1 から任意の a_0 まで a について加えると，

$$\sum_{a=1}^{a_0}(q_{a+1} - q_a) = \sum_{a=1}^{a_0}\lambda^a(q_1 - q_0).$$

$\sum_{a=1}^{a_0}\lambda^a = \dfrac{\lambda(1-\lambda^{a_0})}{1-\lambda}$ だから，

7.3 破産問題

$$q_1 - q_{a_0+1} = (q_0 - q_1)\frac{\lambda(1-\lambda^{a_0})}{1-\lambda} \tag{7.13}$$

を得る. $q_0 = 1$ と $q_{a+b} = 0$ を代入すると,

$$q_1 = \frac{\lambda - \lambda^{a+b}}{1 - \lambda^{a+b}}.$$

$$q_a = q_1 \frac{1-\lambda^a}{1-\lambda} - \frac{\lambda - \lambda^a}{1-\lambda}.$$

こうして,

$$q_a = \frac{\lambda^a - \lambda^{a+b}}{1 - \lambda^{a+b}}. \tag{7.14}$$

この式で, p を q に, q を p に, a を b に置き換えれば,

$$p_a = \frac{1 - \lambda^a}{1 - \lambda^{a+b}}$$

となり, ふたたび, $p_a + q_a = 1$ が得られる.

この結果を他のことばで表現してみよう. いま解決したのは, プレーヤーの破産問題として広く知られている古典的な問題である. この問題の伝統的な設定はつぎの通りである：はじめに所持金 a, b をもった 2 人のプレーヤーが,「表か裏か」の試合, あるいはそれと同様の試合をするとしよう. そのさい, 所持金 a のプレーヤーは, 毎試合勝つ確率は p で, 負ける確率は q とし, $p + q = 1$ とする (引き分けはないと仮定する. 演習問題 5 を参照). 彼が 1 回勝てば, 所持金が 1 増え, 負ければ 1 減るものとする. 何回かの試合の後に, このプレーヤーは負けてすべての所持金を失うか, あるいは, 2 人の所持金の合計 $a + b$ を手に入れるか, のいずれかになるだろう. これは, 一番目のプレーヤーあるいは, 二番目のプレーヤーの破産を意味している. 点 a を出発した粒子が 0 に到達すれば, 所持金 a のプレーヤーの破産であり, 粒子が点 $a+b$ に到達すれば, 所持金 b のプレーヤーの破産である. したがって, 確率 q_a は, 破産確率と呼ばれる. いままでに得られたことから, 所持金 a の競技者の破産確率は, 毎試合勝つ可能性が同じ ($p = q$) ならば, $q_a = \dfrac{b}{a+b}$ であり, そうでない場合 ($p \neq q$) は, $q_a = \dfrac{\lambda^a - \lambda^{a+b}}{1 - \lambda^{a+b}}$ である. ここで, $p = q = 1/2$ の場合に, 所持

金の少ないほうのプレーヤーが，破産の可能性が大きく，また，彼が相手より下手(あるいは，相手よりついてない)ならば，破産の可能性が増大することを下の表で示す．

p	q	a	b	q_a
0.5	0.5	50	50	0.5
0.5	0.5	90	10	0.1
0.45	0.55	90	10	0.866
0.6	0.4	10	90	0.017

しかし，毎回の試合において，相手より幸運に恵まれているプレーヤーが，自分より裕福な相手とプレーすると仮定し(たとえば，表の最後の行)，当初の所持金 a をもっているプレーヤーが「無限大の」所持金をもつ金持ちとプレーするという極端な場合を考えよう．つまり，$b = \infty$ という場合である．ただし，$p > q$ とする．式 (7.14) において，$b \to \infty$ の極限を考える．そうすると，$\lambda = q/p < 1$ だから，

$$q_a \to \lambda^a = \left(\frac{q}{p}\right)^a$$

となり，所持金 a 競技者が勝つ確率は，

$$1 - \left(\frac{q}{p}\right)^a$$

に収束する．こうして，所持金 a のプレーヤーが勝利する可能性は，相手が無限大の所持金をもっていても，少なからずあることがわかる．その反対に，$p \leqq q$ の場合には，$p_a \to 0$ である．

ここでの結論を，一方のプレーヤーが破産するまでの，競技の平均持続時間の考察によって，補足しておこう．もちろん，ゲームの持続時間は確率変数で，その分布は p と q の比にも依存するし，a と b の比にも依存する．ゲームの持続時間の期待値は，破産確率の計算よりもやや複雑なので，ここでは，$p = q = 1/2$ のときには，それが積 ab に等しく，$p \neq q$ ならば，

$$\frac{a}{q-p} - \frac{a+b}{q-p} \cdot \frac{1-\lambda^a}{1-\lambda^{a+b}}$$

に等しいことを指摘するだけにとどめる*1. この式からつぎのことがわかる. ゲームの持続時間が，事前の予測よりは，通常はるかに大きくなり，毎回の勝利の確率が同じ場合には，ゲームの持続時間は2人のプレーヤーの所持金の額に比例し，一方のプレーヤーが他方より有利な場合には，ゲームの持続時間は，平均的には減少する．たとえば，表で示されている場合，ゲームは平均して，それぞれ2500回, 900回, 766回, 441回持続する. より熟達した競技者 ($p > q$) の相手が無限大の所持金をもつ場合には，プレーがいつまでもつづく確率は正である.

7.4
統計的推論

これまでに解決したすべての問題は，共通した性格をもっていた．それは，なんらかの確率論的モデルをたて，その枠組のなかで根元事象の確率によって，他のより複雑な事象の確率を計算する，というものであった．実際，ベルヌーイ試行の枠組みのなかで，「成功」の確率 p を使って，n 回の試行における成功の回数を予測した．つまり，n 回の試行において m 回成功する確率

$$P_n(m) = {}_nC_m p^m (1-p)^{n-m} \qquad (7.15)$$

を求めた．これは単純な問題であるが，確率論にとって典型的なものである．

この節では，これまでとは逆の意味をもつ問題を解決しよう．それは確率論の問題とは逆の問題で，応用上非常に重要であり，内容的には数理統計学の問題である．ベルヌーイ試行に関連して数理統計学にとって典型的な問題は，つぎの問題である．すなわち「成功」の確率 p が事前にはわからないものとし，それを，実験の結果から得られる統計的データによって決定する問題である．

[例] 「復元抽出」という型通りの枠組みを考える．つぼの中に黒白2色の玉が入っているとする．つぼの中の玉は，よくかき混ぜられているものとし，白玉の割合を p ($0 < p < 1$) とする．p の値はわからないので，その値を決める

---

*1 (訳注) W. フェラー『確率論とその応用』I, 第 XIV 章, 参照.

ために実験をしなければならないとしよう．つぼから順次一つずつ「ランダムに」玉を取り出し，それをつぼに戻して，よくかき混ぜ，つぎの玉を取り出す．その結果，一定の大きさのランダムな標本が得られる．そのさい，毎回の抽出の結果は互いに独立である．p がわかっていて，実験の条件が指定されているとき，大きさ n の標本において m 個の白玉を得る確率は，成功の確率が p の n 回のベルヌーイ試行で m 回成功する (つぼから白玉が取り出される) 確率に等しい．いまの場合，p は未知であるけれども，標本のなかの黒白の玉の比はわかっている．この標本が十分につぼの中を代表しているのならば，標本のなかの白玉の比率は，p に近くなければならないことは直感的にわかるだろう．

復元抽出のモデルは，ベルヌーイの独立試行のモデルの特別なものである．n 回の試行における「成功」の比率 (たとえば，標本における白球の比率) は，確率変数 S_n/n であって，その値が m/n である確率は式 (7.15) から

$$P\Big(\frac{S_n}{n} = \frac{m}{n}\Big) = {}_nC_m \, p^m(1-p)^{n-m}, \quad m = 0, \ldots, n$$

となる．確率変数 S_n/n の数学的期待値は，

$$E\Big(\frac{S_n}{n}\Big) = \frac{1}{n}E(S_n) = \frac{1}{n}np = p \tag{7.16}$$

に等しく，分散は

$$V\Big(\frac{S_n}{n}\Big) = \frac{1}{n^2}V(S_n) = \frac{1}{n^2}\,np(1-p) = \frac{p(1-p)}{n}$$

に等しい．したがって，成功の頻度の平均値は，未知の成功確率 p である．そして，頻度の分散，つまり p のまわりにおける頻度のバラツキの大きさは，$n \to \infty$ のとき，$1/n$ と同じ速さで 0 に収束する．こうして，つぼからの大きさ n の無作為復元抽出を繰り返しおこなうことによって，標本のなかの白玉の頻度は，p のまわりに集中し，n の増加とともに m/n の p からのずれは，平均的には，減少することがわかる．すなわち，標本における白球の割合は，つぼにおける白球の割合に，近似的に一致する：$m/n \sim p$．ベルヌーイ試行に対する大数の法則から，任意の $\varepsilon > 0$ に対して，$n \to \infty$ のとき，

$$P\Big(\Big|\frac{S_n}{n} - p\Big| > \varepsilon\Big) \to 0 \tag{7.17}$$

となる (式 (7.2) を参照)．別なことばで言えば，S_n/n の p からのずれが，あ

らかじめ任意に決められた値以上になる確率は，n の増加とともにいくらでも小さくなる．このことから，つぎの結論がでる：頻度 S_n/n は，未知の確率 p の充分よい推定値である (数理統計学では，性質 (7.16) をもつ推定値 p を，**不偏的**といい，性質 (7.17) をもつものを**一致的**という．)

しかしながら現実には，復元無作為抽出を実現できることは稀であって，p を決定するためには，他の抽出法を用いなければならないこともある．それは，無作為非復元抽出であるが，それについては演習問題 9 を参照されたい．

頻度 S_n/n を，未知の成功の確率の推定値として用いる根拠を，つぎの説明によって補足しよう．p の値については，$0 \leqq p \leqq 1$ ということだけがわかっている．それと逆に，値 S_n/n は，n 回の試行の結果によりわかるものであり，そのさい，その値 m/n は，未知の p に依存する確率 ${}_nC_m\, p^m(1-p)^{n-m}$ に対応している．m の値を固定して，式 $P_n(p) = {}_nC_m\, p^m(1-p)^{n-m}$ を p の関数として考える ($0 \leqq p \leqq 1$)．p のとりうる値を「細かく動かし」，対応する $P_n(p)$ の大小を比較する．この手順の考えは，固定した m において，p の「真の」値を選べば，それに対して $P_n(p)$ が最大の値をとることにある．p の「選定」は，つぎのようにおこなわれる．2 項係数 ${}_nC_m$ は p に依存しないから，$P_n(p)$ の代わりに，関数 $L(p) = p^m(1-p)^{n-m}, 0 \leqq p \leqq 1$ を考察する．この関数は，点 $p = 0$ と $p = 1$ で 0 になり，非負で凸，点 $p^* = m/n, 0 < p^* < 1$ で最大値をとる (この最後のことは，導関数 $L'(p)$ を 0 とおき，得られた方程式を解けばよい)．こうして，$p^m(1-p)^{n-m}$ の最大値を与える p の値は m/n となる．この簡単で驚くべき考え方は，**最大尤度原理**[*1] と呼ばれ，19 世紀のドイツの著名な数学者 K. ガウスに起源をもつ．これは，より複雑な問題においても有効なことがわかっている．

未知の確率を，頻度を用いて正確に評価するという問題は，原理的には解決されているけれども，個々の具体的な場合においては，頻度と確率とのずれは大きくなる可能性があるから，ここでの結論は，重要で，高度に理論的価値をもっている．ベルヌーイ試行における未知の確率を評価する方法としては，p の値そのものではなく，p の値を含む区間全体のほうが，より実際的である．こ

[*1] (訳注) ふつう，単に**最尤法**と呼ばれている．

の区間は，**信頼区間**と呼ばれている．その説明のために，p に対する「大ざっぱな」信頼区間を，チェビシェフの不等式を使って構成しよう．

$p(1-p) \leqq 1/4$ だから，チェビシェフの不等式によって

$$P\Big(\Big|\frac{S_n}{n} - p\Big| \leqq \varepsilon\Big) \geqq 1 - \frac{p(1-p)}{n\varepsilon^2} \geqq 1 - \frac{1}{4n\varepsilon^2}.$$

数 α を，$0 < \alpha < 1$ とし，$\varepsilon > 0$ は方程式

$$1 - \frac{1}{4n\varepsilon^2} = 1 - \alpha$$

から求まる．こうして求められる $\dfrac{1}{2\sqrt{n\alpha}}$ で ε を置き換えれば，

$$P\Big(\Big|\frac{S_n}{n} - p\Big| \leqq \frac{1}{2\sqrt{n\alpha}}\Big) \geqq 1 - \alpha$$

あるいは，

$$P\Big(\Big|\frac{S_n}{n} - p\Big| > \frac{1}{2\sqrt{n\alpha}}\Big) < \alpha \tag{7.18}$$

が得られる．こうして，確率 $1-\alpha$ 以上で不等式

$$\Big|\frac{S_n}{n} - p\Big| \leqq \frac{1}{2\sqrt{n\alpha}}$$

あるいは，それと同等な

$$\frac{S_n}{n} - \frac{1}{2\sqrt{n\alpha}} \leqq p \leqq \frac{S_n}{n} + \frac{1}{2\sqrt{n\alpha}}$$

が成り立つ．

限界 $\underline{p} = \dfrac{S_n}{n} - \dfrac{1}{2\sqrt{n\alpha}}, \overline{p} = \dfrac{S_n}{n} + \dfrac{1}{2\sqrt{n\alpha}}$ をもつ区間を，**有意水準** α の，p の信頼区間という．これの応用上の意義は，つぎのことにある．以上の議論によれば，未知の確率 p は区間 $[\underline{p}, \overline{p}]$ に入ると主張するとき，もしもその主張が誤りであって，この区間が p の真の値を含まないとしても，それが起こる確率は α を上回ることはない．別なことばで言えば，p の値を評価するために，有意水準 α の信頼区間を用いるとすると，誤りを犯す割合は，平均すると，全体の α 以下である (α は有意水準で，事前に指定されている)．

例として，$\alpha = 0.05$ に対する信頼区間を，頻度 0.6 のとき，さまざまな n に対して示そう：

n	$\overline{p}$	$\overline{\overline{p}}$
100	0.38	0.82
1000	0.529	0.671
10000	0.578	0.622

n の増加とともに，信頼区間は狭くなることがわかる．α を小さくし，たとえば $\alpha = 0.01$ とすると，上の表と同じ $n = 1000$ に対しても，信頼区間は $[0.442, 0.758]$ となる．この信頼区間は，$\alpha = 0.05$ のときより広いが，それは誤った決定をする確率を減少させたことに対する論理的な結果である．

これと同じ状況においてしばしば起こることは，未知の確率 p が，与えられた値 p_0 に等しいという仮説の検定の問題である．この仮説は，実験の結果によって，**採択**されるか，それとも**棄却**されるかである．つまり統計データに矛盾しないと考えられるか，それとも矛盾すると考えられるか，のどちらかである．仮説 $p = p_0$ を検定するそうした手順は，つぎの通りにおこなわれる：もしも $p_0 \in [\overline{p}, \overline{\overline{p}}]$ ならば，仮説 $p = p_0$ は採択され，$p_0 \notin [\overline{p}, \overline{\overline{p}}]$ ならば，この仮説は棄却される．ここで，$[\overline{p}, \overline{\overline{p}}]$ は有意水準 α の信頼区間である．そのさい，実験結果がなんらかの意味で過度に「不適切」とされて，正しい仮説が採用されない可能性がある．だが，こうした誤りが起こる確率はわかっている．というのは，信頼区間の設定のさいには，あらかじめ，それが α を越えないものとしてあるからである．たとえば，$n = 1000, p_0 = 0.5, \alpha = 0.05$ とすると，$0.5 \notin [0.529, 0.671]$ である (表を参照) という理由で，$p = 0.5$ の仮説を退けると，平均すれば 100 回のうち 5 回は誤りをおかすことになる．

もう一つの興味ある問題が，未知の確率 p にかんする二つの仮説を判断することが必要になったときに起こる．$p = p_1$ または $p = p_2$ のどちらかが正しいことが，あらかじめわかっているとしよう．ここで，p_1, p_2 は指定された値で，$0 < p_1 < p_2 < 1$ とする．

[例] つぼの問題を考え,白玉の割合 p は未知とする.$p_1 = 0.2, p_2 = 0.8$ としよう.二つの値 p_1, p_2 のどちらのほうが,p の値として適当であるかを,実験によって決める必要が起こったとしよう.事がらをわかりやすくするために,$p = p_1$ のつぼを,つぼ I とし,$p = p_2$ のほうをつぼ II としよう.つぼから一つの玉を取り出し,それが白ならば,それはつぼ II から取り出され,黒ならば,つぼ I から取り出されたと考える.そのさい,つぼの番号を間違って指摘するかもしれない.一方の誤りの確率は,つぼ I から白球を取り出す確率,つまり 0.2 である.もう一方の誤りの確率 (つぼ II から黒球を取り出す確率) も 0.2 である.しかし,誤りの確率は減らすことができる.そのために,試行の結果が独立になるように,復元抽出によってつぼから 3 個の玉を取り出す.この 3 個の玉のうちで,白玉が多数 (2 個か 3 個) ならば,それらの玉はつぼ II から取り出されたものとみなし,逆のときには,つぼ I から取り出されたとみなす.明らかに,このときの誤りの確率は,3 個あるいは 2 個の白玉がつぼ I から取り出されるときの確率である.それは,

$$_3C_3\, p_1^3(1-p_1)^0 + {}_3C_2\, p_1^2(1-p_1)^1 = 0.104$$

である.検定の最初の手順とくらべると,誤りの確率はほぼ半分に減っている.抽出数を増やせば,二つの仮説を検定するときの誤りをおかす確率は,減りつづける.取り出した 5 個の玉のうち白玉が多いときには,仮説 $p = 0.8$ を採択 (つぼ II) すると,そのさいの誤りの確率は

$$_5C_5\, p_1^5 + {}_5C_4\, p_1^4(1-p_1)^4 + {}_5C_3\, p_1^3(1-p_1)^2 = 0.058$$

である.7 個を取り出したときには,誤りの確率は 0.033 であり,二つの仮説 (二つのつぼ) の正誤を,誤りの確率 0.05 以下で判別することができる.こうして,ここで決められた方法,または,統計学者のいう検定の基準にしたがうと,誤りをおかす確率は,平均的には全体の 5 %以下である.

これまでやったことの根拠を,つぎの考察で説明しよう.無作為抽出に対応してランダム・ウォークを考えよう:粒子が座標の原点を出発し,白玉が取り出されれば上に 1 移動し,黒玉の場合にはそこにとどまるとする.粒子の運動の軌跡は,大きさ n の抽出のさいの白玉の数である S_n によって表される.$p = p_1$

または $p = p_2$ のどちらかだから，大数の法則によってランダム・ウォークの軌跡は，直線 $y = np_1$ または直線 $y = np_2$ のどちらかに到達しなければならない．したがって，n が大きければ，$p = p_1$ のときの S_n の $np_1 = E(S_n)$ からのずれ，$p = p_2$ のときの S_n の $np_2 = E(S_n)$ からのずれは，平均的には小さい．n を固定したときつぎのような値 (臨界値) $\overline{y}_n$ を指定することができる．すなわち，$np_1 < \overline{y}_n < np_2$ であって，$S_n \leqq \overline{y}_n$ ならば，仮説 $p = p_1$ を採択し，$S_n > \overline{y}_n$ ならば，仮説 $p = p_2$ を採択するのである．値 $\overline{y}_n$ は，判定の誤りが最小となるように決めなければならない．

違った方法で取り扱うこともできる：二つの数 $\overline{y}_n$ と $\overline{\overline{y}}_n$ ($np_1 < \overline{y}_n < \overline{\overline{y}}_n < np_2$) を与え，各 n に対して，三つの不等式 $S_n \leqq \overline{y}_n$, $S_n \geqq \overline{\overline{y}}_n$, $\overline{y}_n < S_n < \overline{\overline{y}}_n$ のどれが起こるかをテストする．最初の場合には仮説 $p = p_1$ が採択され，2番目の場合には仮説 $p = p_2$ が採択されて，p を決定するための実験は終わる．3番目の場合には，観測が継続される．こうしたやり方においては，標本として取り出す玉の数は，あらかじめ固定されず，S_n の値に依存して決まる．限界 $\overline{y}_n, \overline{\overline{y}}_n$ も誤りの大きさに関係して決められる．その場合，仮説検定の問題は，破産問題と直接に関係する．しかし，それは 7.3 節で考察した場合よりも，より複雑な状況においてである．

ベルヌーイ試行における「成功」の確率に対する二つの仮説を見分ける問題は，実際には，たとえばつぎのように解決される．α と β を二つの小さな数，$0 < \alpha < 1, 0 < \beta < 1$ とする．仮説 $p = p_1$ と $p = p_2$ ($p_1 < p_2$) を検定するために，n 回の独立な試行をおこない，「成功」の数 m を数える．そのとき，

$$m > \overline{m}_n \quad \text{ならば，} \quad \text{仮説 } p = p_2 \text{ を採り,}$$

$$m \leqq \overline{m}_n \quad \text{ならば，} \quad \text{仮説 } p = p_1 \text{ を採る.}$$

ここで $\overline{m}_n$ は，誤りの大きさによって決まる m の臨界値である．$p = p_1$ が正しい仮説のとき，それを棄却したときの誤りの確率は

$$P_n(\overline{m}_n, p_1) = \sum_{m=\overline{m}_n+1}^{n} {}_nC_m \, p_1^m (1-p_1)^{n-m}$$

に等しく，$p = p_1$ が正しくない仮説のとき，それを採用したときの誤りの確率は

に等しい.

$$Q_n(\overline{m}_n, p_2) = \sum_{m=0}^{\overline{m}_n} {}_nC_m \, p_2^m (1-p_2)^{n-m}$$

ここで, 与えられた数 α と β を越えない誤りの確率で, 二つの仮説を判別することができる最小の試行回数はどれだけかが問題になる. 最小の n の値とそれに対応する値 m_n は, 不等式

$$P_n(\overline{m}_n, p_1) \leqq \alpha, \qquad Q_n(\overline{m}_n, p_2) \leqq \beta \tag{7.19}$$

を満たす. 実際問題を解決するとき, n と $\overline{m}_n$ を求めるために不等式 (7.19) を用いるのは不可能であるが, よく使われる p_1, p_2, α, β の値に対して求められた対 $(n, \overline{m}_n)$ の値を示す特殊な表を使用することができる. この表は, $\alpha = \beta = 0.05$ のとき, いくつかの仮説についての問題解決の結果を示している.

p_1	p_2	n	$\overline{m}_n$
0.1	0.5	13	3
0.3	0.5	67	26
0.1	0.2	135	19
0.05	0.1	248	21

試行数をあらかじめ固定しておかないで, 以上の方法 (毎回, 仮説の一つを採択するか, それとも実験をつづけるか) により実験の過程で決めるとするならば, 誤りの確率が同じ場合でも試行回数を, ほぼ半分に減らすことができる.

演習問題 7

1. 確率変数 $Y_1, \ldots, Y_n$ が互いに独立で, 同一の分布, $P(Y_k = 1) = p, P(Y_k = -1) = q$ $(1 \leqq k \leqq n)$ をもつとき, その期待値と分散が, $E(Y_k) = p - q$, $V(Y_k) = 4pq$ であることを示せ. また, 期待値と分散の性質を用いて,

$$E(Y_1 + \cdots + Y_n) = n(p-q), \qquad V(Y_1 + \cdots + Y_n) = 4npq$$

を示せ.

2. 確率 p, q のベルヌーイ試行に対応するランダム・ウォークで, 原点を出発した粒子が, 時刻 n に縦座標 $y > 0$ の点に来る確率 $u_{n,y}$ は

$$u_{n,y} = {}_nC_{\frac{n+y}{2}} \, p^{\frac{n+y}{2}} q^{\frac{n-y}{2}}$$

となることを示せ．ただし，n, y はともに偶数であるか，ともに奇数である，とする．

3. 時刻 $2n$ に初めて原点に戻る確率は，
$$f_{2n} = \frac{2}{n} \, {}_{2n-2}C_{n-1} p^n q^n$$
であることを示せ．

4. 縦座標 $z > 0$ を出発する対称なランダム・ウォークを考える．粒子が点 0 で消滅する (吸収される) とするとき，時刻 n に粒子が縦座標 y の点に到達する確率 $q_{n,y}(z)$ は
$$q_{n,y}(z) = u_{n,y-z} - u_{n,y+z}$$
となることを示せ．ただし，$u_{n,y}$ は上の問題 2 で定義されたものとする．粒子が 2 点 $0, a(> 0)$ で吸収されるとすれば，
$$q_{n,y}(z) = \sum_k (u_{n,y-z-2ka} - u_{n,y+z-2ka})$$
となることを示せ．ここで，和は $k = 0, \pm 1, \pm 2, \ldots$ についてとるものとする．(5.2 節の鏡像の原理を用いよ．)

5. 7.3 節の破産問題において，粒子が正方向に移動するか，負方向に移動するか，その場所にとどまるかが，それぞれ確率 p, q, r $(p + q + r = 1)$ で起こるとする (これは，ゲームが引き分けに終わる確率 $r > 0$ も考えることを意味する)．破産確率 q_a が前のように式 (7.14) で与えられることを示せ．すなわち，
$$q_a = \frac{\lambda^{a+b} - \lambda^a}{\lambda^{a+b} - 1}.$$
ここで，$\lambda = q/p$ である．

6. ベルヌーイ試行で，成功の比率の期待値と分散が
$$E\left(\frac{S_n}{n}\right) = p, \qquad V\left(\frac{S_n}{n}\right) = \frac{p(1-p)}{n}$$
であることを示せ．

7. 関数 $L(p) = p^m q^{n-m}$ は点 $p = m/n$ で最大値をとることを示せ．

8. 7.4 節の例で導入されたつぼの問題を考える．N を玉の合計数，M を白球数とする．したがって，$p = M/N$ は白球の割合である．未知の p の値を推定するために，「非復元抽出」をする．n 回の試行で m 個の白球を得る確率が

$$\frac{{}_M C_m \cdot {}_{N-M} C_{n-m}}{{}_N C_n}$$

であることを示せ.

9. 問題 8 の条件において，確率変数 S_n を非復元抽出における白球数とする．抽出における白球出現の頻度 S_n/n の推定値として $p = M/N$ を用いることができる．

$$E\left(\frac{S_n}{n}\right) = p$$

を示せ.

10. 100 回の硬貨投げで，70 回表が出た．この結果は，対称な硬貨 ($p = 0.5$) によるものとしてよいかを検定せよ．有意水準 0.5 の信頼区間をつくれ．

第8章
出生・死滅過程

8.1
問題の一般的設定

通常，家族の姓は男性の系譜によって存続される．父親がもつ息子の人数が，$0, 1, 2, \ldots$ である確率を $p_0, p_1, p_2, \ldots$ とする．また，その息子たちも同じ確率でその息子をもつ … とする．そのとき第 r 世代でこの系譜が途絶える確率は何ほどか．この問題は，1874 年にゴルトンとワトソンによって解かれた．彼らは，それに関して書いている：「歴史において目立った位置を占めた姓が消滅するという事実は，過去において何度も認められている．そして，そのために，さまざまな憶測がなされた．一時は広まっていたけれども，稀となり，さらにはまったく消滅してしまった姓の例は，あまりにも多い．」

核の連鎖反応にさいしても，同様の問題が起こる．一片の「核燃料」で発生する中性子は，任意の瞬間に原子核と衝突する．こうした衝突の結果として，核分裂が起こりうる．分裂の過程で，さまざまな粒子が発生し，そのなかにはランダムなエネルギー量と運動の方向をもつ新しい中性子が，ランダムな個数で発生する．明らかに，中性子の核への衝突の確率は，与えられた「核燃料」片の幾何学的大きさに依存する．ここでふたたび 1 個の中性子が第 n 世代後に，N 個の子孫をもつ確率を決定する問題が登場する．n の増加とともに，N が限りなく増加する (核爆発) 確率，一定の限界に到る (制御された核反応) 確

率，あるいは，$N = 0$ (反応の停止) となる確率はどのくらいだろうか．

もっとも単純な単細胞生物の増殖，ウイルスやバクテリアの増殖 (伝染病学の問題)，さまざまな化学反応の研究などの問題を考察するさいにも，同様の問題が起こる．

いくらかは相互に関連した粒子の絶滅と増殖の過程が，しばしば考察されている．典型的な例は，ある地方における兎と狼の数の変化である．兎の数が過度に増加すると，狼も急速にな増加するが，狼の数がいちじるしく増加すると，兎の数は低下する．

こうした自然現象を抽象化して，つぎの問題を設定しよう．開始時刻 $t = 0$ のとき，粒子が1個あり，それは $t = 1$ には，一定の確率でいくつかの同種の粒子を生み出す．それらの各粒子は独立に，1単位時間後に，同じ確率で同種の粒子を生み出す，．．．．確率変数列 $z_0, z_1, \ldots$ によって，$t = 0, t = 1, \ldots$ における粒子の個数を表そう．また，つねに，$z_0 = 1$ と仮定しよう．$z_0 \neq 1$ のときのこのプロセスの対応する性質は，容易に得ることができる．このプロセスがさまざまな個数の粒子から始まる場合にも，相互に独立に増殖すると仮定したからである．

こうして，z_n は第 n 世代の個数とみなせる．この場合，$z_0 = 1$ であり，z_1 の確率分布は，$P(z_1 = k) = p_k < 1$ $(k = 0, 1, 2, \ldots, N)$, $\sum p_k = 1$ によって定義される．ここで，p_k はある1個の粒子がつぎの世代に k 個の粒子になる確率である．この増殖の確率法則は，どの世代に対しても，すべての粒子に独立に働くものとする．別ないい方をすれば，$z_n = k$ という条件のもとでの z_{n+1} の条件つき確率分布は，個々の粒子が互いに独立に増殖するという仮定によって定まる．こうして，z_{n+1} の分布は，それぞれが z_1 と同じ分布にしたがう，k 個の独立な確率変数の和の分布になる．$z_n = 0$ ならば，確率1で $z_{n+1} = 0$ になる．

このように増殖の過程を定めれば，その諸性質を知りたくなるだろう．その諸性質というのは，確率変数 z_n の確率分布はどのようなものか，その期待値と分散はどうなるか，また，確率変数列 $z_0, z_1, \ldots$ が 0 に収束する確率，この確率変数列が 0 に収束しないときの挙動などである．それらの考察の背後には，物理学，生物学，化学，遺伝学ほかの科学分野における具体的なプロセスが存

8.2
z_n の母関数

6.5 節で導入された母関数の定義と簡単な性質を用いることにしよう．

今後，確率変数 z_n の母関数を $f_n(s)$ で表し，z_1 の母関数をたんに $f(s)$ で表そう．変数 z_n の母関数に対しては，つぎの関係が成り立つ：

$$f_{n+1}(s) = \sum_m P(z_{n+1}=m)s^m$$
$$= \sum_m \sum_k P(z_n=k)P(z_{n+1}=m\,|\,z_n=k)s^m$$
$$= \sum_k P(z_n=k)\sum_m P(z_{n+1}=m\,|\,z_n=k)s^m.$$

k 個の粒子の子孫の数は，定義により，互いに独立であるから，条件 $z_n=k$ のもとでの z_{n+1} の分布は，互いに独立で，それぞれ z_1 と同じ分布にしたがう確率変数の条件つき確率分布の和である．したがって z_{n+1} は，母関数 $[f_1(s)]^k$ をもつ：

$$\sum_m P(z_{n+1}=m\,|\,z_n=k)s^m = [f_1(s)]^k, \quad k=0,1,\dots.$$

これから，

$$f_{n+1}(s) = \sum_k P(z_n=k)[f_1(s)]^k$$

を得るが，z_n の母関数の定義により，

$$f_{n+1}(s) = f_n(f_1(s)) = f_n(f(s)) \tag{8.1}$$

である．

$$f_2(s) = f(f(s)), f_3(s) = f(f(f(s))),\dots$$

であるから，一般に

$$f_n(s) = f(f \cdots f(s) \cdots) \tag{8.2}$$

つまり，変数 z_n の母関数 $f_n(s)$ は，変数 z_1 の母関数の n 回の反復に等しい．

ここで，必要な母関数 $f(s)$ の性質を思い出そう．$f(0) = P(X=0)$ であるから，仮定 $P(X=0) < 1$ により，$f(s)$ は，$0 \leqq s \leqq 1$ において下に凸で，真に増加する関数である．$s = 1$ では，等式 $f(1) = 1$ が成り立つ．さらに，$E(X)$ と $V(X)$ をそれぞれ確率変数 X の期待値と分散とすると，

$$E(X) = f'_X(1), \quad V(X) = f''_X(1) - (f'_X(1))^2 + f'_X(1)$$

となる．

8.3
確率変数 z_n の期待値と分散

$$E(z_1) = f'(1) = \mu, \quad V(z_1) = \sigma^2 = f''(1) + \mu - \mu^2$$

としよう．点 $s = 1$ において (8.1) を微分すれば，数学的期待値

$$f'_{n+1}(1) = f'_n(f(1))f'(1) = f'_n(1)\mu$$

を得る．これから，帰納的に

$$E(z_n) = f'_n(1) = \mu^n, \quad n = 0, 1, \ldots \tag{8.3}$$

が得られる．もう一度微分すると，

$$f''_{n+1}(1) = f''_n(1)[f'(1)]^2 + f'_n(1)f''(1) = f''_n(1)\mu^2 + \mu^n(\sigma^2 + \mu^2 - \mu)$$

となり，これから，

$$f''_n(1) = \sigma^2 \mu^{n-1}(\mu^{n-1} + \mu^{n-2} + \cdots + 1) + \mu^{2n} - \mu^n$$

となるから，

$$V(z_n) = \sigma^2 \mu^{n-1}(\mu^{n-1} + \mu^{n-2} + \cdots + 1) \tag{8.4}$$

が得られる．

式 (8.3), (8.4) は，第 n 世代の子孫の数の期待値と分散を，1 個の粒子の子孫の数の期待値と分散によって，明白な形で与えている．

8.4
死滅の確率

最初の1個の粒子の子孫が死滅する確率を考えよう．たとえば，姓の絶滅の確率，あるいは，発生したさまざまな中性子による核反応の停止の確率，などである．確率変数列 z_n についていうと，死滅するとは $z_n = 0$ となることである．ある番号 n で $z_n = 0$ であるならば，定義により，$m \geqq n$ であるすべての m に対して，確率 1 で $z_m = 0$ となる．別ないい方をすれば，事象列が

$$\{z_n = 0\} \subset \{z_{n+1} = 0\} \subset \{z_{n+2} = 0\} \subset \cdots$$

のように順に含まれるようになっていることである．ここで確率変数列 z_n の死滅確率と呼ばれる，極限値

$$q = \lim_{n \to \infty} P(z_n = 0)$$

を求めよう．

> **定理**．$\mu = E(z_1) \leqq 1$ ならば，死滅の確率は 1 である．$\mu > 1$ ならば，死滅の確率は，方程式
>
> $$s = f(s)$$
>
> の 1 より小さい，ただ一つの負でない解に等しい．

証明．事象列の関係 $\{z_n = 0\} \subset \{z_{n+1} = 0\}$ から，明らかに，

$$0 \leqq P(z_n = 0) \leqq P(z_{n+1} = 0) \leqq P(z_{n+2} = 0) \leqq \cdots \leqq 1$$

である．つまり，$\{P(z_n = 0)\}$ は有界な非減少数列である．したがって，極限 q が存在する．確率変数列 z_n の母関数の定義から，

$$P(z_n = 0) = f_n(0),$$

また

$$f_{n+1}(0) = f(f_n(0))$$

である．しかし，
$$\lim_{n\to\infty} f_n(0) = \lim_{n\to\infty} f_{n+1}(0) = q$$
であるから，
$$q = f(q). \tag{8.5}$$
$\mu = f'(1) \leqq 1$ ならば，関数 $f(s)$ は下に凸であるから，
$$0 < s < 1 \quad \text{のとき}, \quad f(s) > s$$
である．これから，この場合，方程式のただ一つの解は $q = 1$ である (図30).

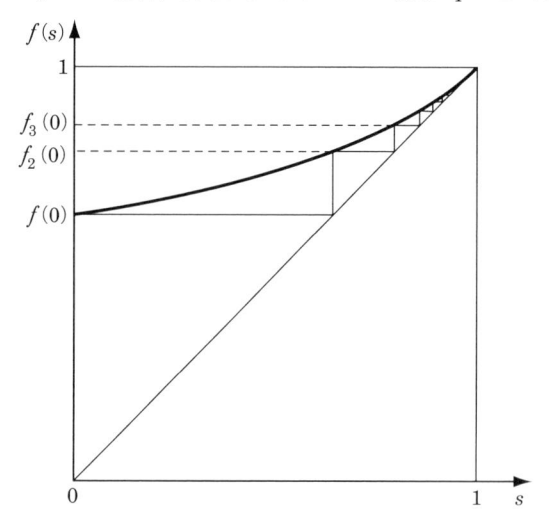

図30 $\mu \leqq 1$ のときの関数 $f(s)$ のグラフと $f_2(0) = f(f(0)), f_3(0) = f(f_2(0)), \ldots$ の繰り返しによる記述．

$\mu = f'(1) > 1$ ならば，点 $s = 1$ の近傍の $s < 1$ の部分で $f(s) < s$ となり，また $f(0) \geqq 0$ であるから，方程式 $s = f(s)$ は，半開区間 $[0, 1)$ で解をもつ．また，$\lim_{n\to\infty} f_n(0)$ は，1 にはならない．何故なら，もしも 1 になるとすると，$s = 1$ のある近傍の点 $f_n(0)$ で $(f(s) < s$ であるから)，$f_n(0) > f(f_n(0)) = f_{n+1}(0)$ となり，数列 $f_n(0)$ が減少することになるが，これは不可能である (定理の証明の初めの部分を参照)．したがって，求めた q は方程式 (8.5) の唯一の解である．証明終わり．

いまおこなった定理の証明は，関数 $f(s)$ の反復の性質にもとづいていた．それは，図 30, 図 31 でわかりやすく説明できる．

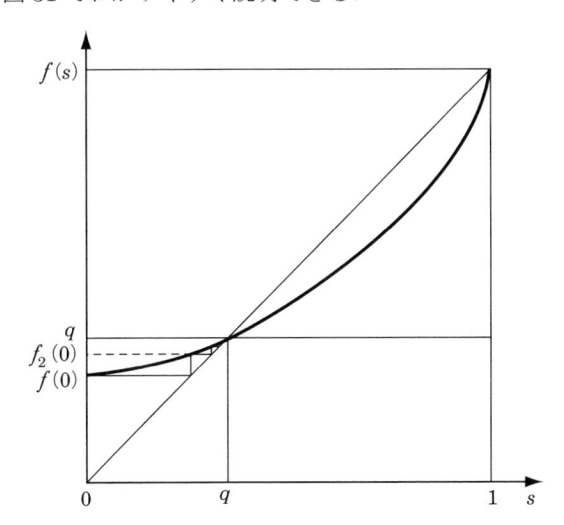

図 31 $\mu > 1$ のときの関数 $f(s)$ のグラフと $f_2(0) = f(f(0)), f_3(0) = f(f_2(0)), \ldots$ の繰り返しを用いた図示．

$f(0)$ の値は，$f(s)$ のグラフと縦軸との交点である．$f_2(0) = f(f(0))$ の値は，$f(0)$ の高さで水平線を，点 $(0, 0), (0, 1), (1, 0), (1, 1)$ を頂点にもつ正方形の対角線と交わるまで引き，そこから，$f(s)$ のグラフとの交点まで垂線を立てることによって得られる．引き続く反復が，そのようにして得られる：$f_3(0) = f(f_2(0)), \ldots$．

やや主題からはなれるが，以上で述べた手続きは，方程式 $f(s) = s$ の解の近似値を求める，非常に好都合な方法を与えることを注意しておこう．どんな方程式でもこうした状況にもち込むことができ，そのあとで，解を近似的に求めるためには，何回かの関数 $f(s)$ の反復計算を要するだけである．これは，方程式の数値解を求めるのに，実際かなりよく用いられる．読者は，この方法を自分でよく確かめて，こうした方程式を解くさいには，「安定な」解と「不安定な」解とがあることを確かめて欲しい．反復近似がどちらの解に導かれるかは，初期値 s_0 による．つまり，どちらの解の引力圏に初期値が入るかによる．容

易に確認できるが，安定な解においては $|f'(q)| \leqq 1$ であり (図 32)，不安定な解では $|f'(q)| > 1$ である．しかし，実際には任意の不安定な解は，1 次変換によって安定な解に近づけることができる．

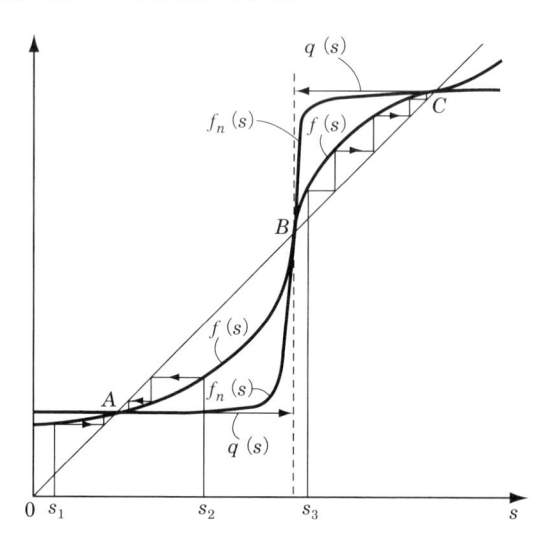

図 32 一般の場合の関数 $f(s)$，その n 回の繰り返し $f_n(s)$，極限関数 $q(s)$ のグラフ．A, C は安定な根，B は不安定な根．初期値 s_1, s_2 は，根 A の吸引圏に，s_3 は根 C の吸引圏にある．

姓の絶滅の問題では，通常，家族に k 人の息子が誕生する確率 $p_k = P(z_1 = k)$ は等比数列：$p_k = bc^{k-1} (k = 1, 2, \ldots)$, $0 < b$, $b \leqq 1-c$, $p_0 = 1-p_1-p_2-\cdots$ をなすと考えられる．この場合には，関数 $f(s)$ の母関数はつぎのようになる：

$$f(s) = \sum_{k=0}^{\infty} p_k s^k = 1 - \frac{b}{1-c} + \frac{bs}{1-cs}.$$

男の子の人数の期待値は

$$\mu = E(z_1) = f'(1) = \frac{b}{(1-c)^2}$$

であり，方程式 $s = f(s)$ は非負の解

$$s_0 = \frac{1-b-c}{c(1-c)}$$

をもつ．この解は $\mu = 1$ ならば 1 に等しく，$\mu \neq 1$ では，これが唯一の非負の解である．$\mu \geqq 1$ ならば，絶滅の確率は $q = s_0$ である．

A. ロトカによれば，男性の子孫の家系が絶滅する確率は，$b = 0.2126, c = 0.5893, p_0 = 0.4825$ の等比数列でよく近似される．この場合，絶滅の確率は $q = 0.819$ である．b, c の値は，人口調査のデータによって統計的に求められるものであり，さまざまな地域によって変動しうる．ここでの数値は，1920 年のアメリカでの調査による．同一の地点であっても，この数値は年代とともに変わりうる．こうした現象の研究は，人口動態学の領域になる．

8.5
z_n の漸近的振る舞い

前節ですでに明らかになったように，$\mu \leqq 1$ では，$n \to \infty$ のとき
$$\lim_{n \to \infty} P(z_n = 0) = 1$$
である．すなわち，この場合には，世代の数 $n \to \infty$ のとき，確率 1 で一つの粒子の子孫は絶滅する．そのさい，$\mu < 1$ ならば，子孫の数の期待値は
$$E(z_n) = \mu^n \to 0$$
であり，分散は
$$V(z_n) = \sigma^2 \mu^{n-1}(\mu^{n-1} + \mu^{n-2} + \cdots + 1) = \frac{\sigma^2 \mu^{n-1}(\mu^n - 1)}{\mu - 1} \to 0$$
である．一方，$\mu = 1$ では，子孫の数の期待値と分散は，それぞれ
$$E(z_n) = 1, \quad V(z_n) = n\sigma^2$$
で，これらは，z_n が確率 1 で 0 に近づくにもかかわらず，一般には 0 に収束しない．このことは，n が増大するときに，z_n が消え去るのにもかかわらず，0 に収束して行く小さな確率で，いつまでも大きなゆらぎが残ることを示している．別な言い方をすれば，子孫の数の「典型的な軌道」は，$\mu = 1$ のとき，かなり長く 0 から離れて動き，かなり上方に行くこともあるけれども，それにもかかわらず確率 1 で，遅かれ早かれ 0 に落ち込むのである．

$\mu<1$ のときの確率 $P(z_n>0)$ の評価をしよう.明らかに,
$$P(z_n>0)=1-P(z_n=0)=1-f_n(0)$$
である.関数 $f(s)$ の近似
$$\widetilde{f}(s)=1+\mu(s-1)$$
を考える (図 33).関数 $\widetilde{f}(s)$ は 1 次関数であり,点 1 では,$f(s)$ と一致するだけでなく,その微係数も $f'(1)$ と一致する.明らかに,

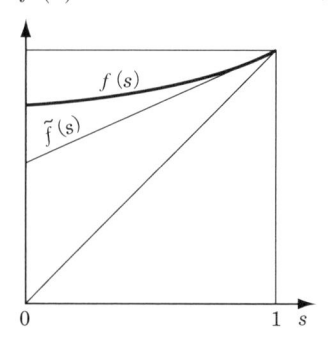

図 33 関数 $f(s)$ とその近似 $\widetilde{f}(s)$

$$\widetilde{f}(s)\leqq f(s),\qquad 0\leqq s\leqq 1$$
であり,$\widetilde{f}(s)$ の n 回の反復は,関数 $f(s)$ の n 回の反復より小さい:
$$\widetilde{f}_n(0)\leqq f_n(0)$$
または,
$$1-f_n(0)\leqq 1-\widetilde{f}(0).$$
また,$\widetilde{f}(s)$ の形から,ただちに
$$1-\widetilde{f}(0)=\mu,\quad 1-\widetilde{f}_2(0)=\mu^2,$$
$$1-\widetilde{f}_3(0)=\mu^3,\quad 1-\widetilde{f}_n(0)=\mu^n$$
となる.こうして,$\mu<1$ のときには,
$$P(z_n>0)=1-f_n(0)\leqq \mu^n$$
という不等式が成り立つ.つまり,生き残る確率は等比数列的に減少する.

$\mu = 1$ のときには，この確率はかなりゆっくりと減少する．この場合，

$$P(z_n > 0) \sim \frac{2}{nf''(1)}$$

となることを示すことができる．$\mu = 1$ のときの $f(s)$ に対する図 30 から，この減少がはるかに緩慢であることがわかる．しかし，そのことの厳密な証明は，ここではしない．

$\mu > 1$ のときには，すでに示したように，絶滅の確率は $\lim_{n \to \infty} P(z_n = 0) = q < 1$ である．また同時に，任意の $k > 0$ に対して，子孫の数が k となる確率は 0 に収束する：

$$\lim_{n \to \infty} P(z_n = k) = 0. \tag{8.6}$$

実際，図 31, 図 32 からわかるように，任意の $s < 1$ において

$$\lim_{n \to \infty} f_n(s) = q$$

であるが，これは，等式 (8.6) が満たされなければ不可能である．

なぜならば，関数 $f_n(s)$ は，非負の係数をもつ s のべき級数であり，(8.6) が不成立ならば，十分大きな n のとき，

$$f_n(s) = P(z_n = 0) + sP(z_n = 1) + \cdots + s^k P(z_n = r) + \cdots$$
$$> s^k P(z_n = k)$$

であるが，$p_k = \lim_{n \to \infty} P(z_n = k) > 0$ とおけば，n が十分大きなときには，$P(z_n = k) > \frac{1}{2} p_k$ であるから，$f_n(s)$ は関数 $\frac{1}{2} p_k s^k$ より大きい．したがって，極限において定数 q に一致することは不可能である．

$\mu > 1$ のときの z_n の期待値は $E(z_n) = \mu^n \to \infty$，分散は $V(z_n) = \frac{\sigma^2 \mu^{n-1}(\mu^n - 1)}{\mu - 1} \to \infty$ である．

こうして，$\mu > 1$ のとき，確率変数列 z_n は確率 q で 0 に収束し，確率 $1 - q$ で無限大になる．$\mu > 1$ のときの確率変数列 z_n の典型的な軌道は，n が小さいとき振動し，確率 q で 0 に収束する．しかし，n が大きな値のときは，μ^n と同じ速さで増加する (図 34)．

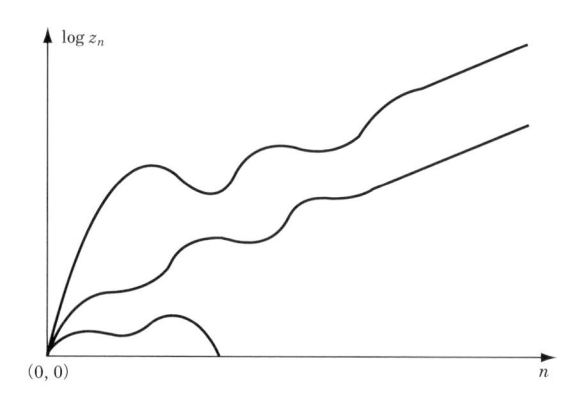

図34　$\mu > 1$ のときの $\log z_n$ の三つの実現値

演習問題 8

1. 3.4 節の演習問題 5 に，母関数を用いて，再度取り組んでみよう．3 単位時間後のアメーバ個体数の分布の確率を求めよ．
2. $P(z_1 = 0) = 0.5$, $P(z_1 = 2) = 0.5$ のとき，第 5 世代以前に絶滅する確率を求めよ．
3. $P(z_1 = 0) = 0.5$, $P(z_1 = 2) = 0.5$ のとき，第 100 世代まで生き残る確率を求めよ．
4. $P(z_1 = 0) = 0.9$, $P(z_1 = 2) = 0.1$ のとき，第 3 世代まで生き残る確率を求めよ．
5. $P(z_1 = 0) = 0.9$, $P(z_1 = 2) = 0.1$ のとき，第 10 世代まで生き残る確率を求めよ．また，第 n 世代まで生き残る確率の上限を求めよ．
6. $P(z_1 = 0) = 0.1$, $P(z_2 = 2) = 0.9$ のとき，第 3 世代まで生き残る確率を求めよ．生存確率の極限 $\lim_{n \to \infty} P(z_n > 0)$ を求めよ．先行するすべての問題の答えの数値と比較せよ．
7. 出発の時点で 5 個の粒子があり，各粒子は確率 $P = 0.5$ で消滅し，確率 $P = 0.5$ で 2 個の粒子に分裂するとき，5 世代までに絶滅する確率を求めよ．ヒント：独立な確率変数の和の母関数は，各母関数の積になることを用いよ．

8. 最初に 100 個の粒子があり ($z_0 = 100$),各粒子の消滅確率が 0.5,2 個に分裂する確率が 0.5 のとき,100 世代までの生存確率を求めよ.

9. 問題 8 と同じだが,当初の粒子数が 200 個 (400 個) としたらどうなるか.

10. 初めに 10 個 (1000 個) の粒子があり,各粒子の消滅確率が 0.9 で 2 個に分裂する確率が 0.1 のとき,3 世代までの生存確率を求めよ.

11. 初めに 100 個の粒子があり,各粒子の消滅確率が 0.9 で 2 個に分裂する確率が 0.1 のとき,10 世代までの生存確率を求めよ.

12. 初めに 10 個 (1 個) の粒子があり,各粒子の消滅確率が 0.1 で,2 個に分裂する確率が 0.9 とするとき,第 3 世代までの生存確率を求め,これまでの問題の結果と比較せよ.また,得られた結果の「物理的」説明をせよ.

おわりに

　この小冊子のなかで，確率論の基礎概念と，いくつかの古典的結果を述べてきた．そこでは，できるだけやさしい表現を目指すと同時に，叙述をできるだけ完全で厳密なものにしようと努力した．公式を導いたり，命題の証明をするさいには，組合せ論的方法，母関数，スターリングの公式の範囲で収まるようにした．確率論の基本的概念は，17 世紀の中頃に形づくられ始めるが，それはパスカル，フェルマー，ホイヘンス，ガリレイなどによる，ゲームの問題を解くための研究によるものであった．当時すでに，確率の和と積の定理，条件つき確率の概念，全確率の公式などが知られていて使われていた．また，数学的期待値が導入されていた．この時期の頂点に位置するのは，ヤコブ・ベルヌーイの著作である．彼の死後 1713 年に出版された『推論術』のなかでは，2 通りの結果をもつ独立な試行列の考察，2 項分布の導入，母関数の使用，プレーヤーの破産問題が解決されている．しかし，重要なことは確率論への統計的アプローチが原理的に可能であることの根拠が与えられたことである．多数の独立な試行においては，事象の出現頻度は通常その確率とあまり違わないことを示した，有名なベルヌーイの定理は，確率論における極限定理の出発点となった．極限定理のなかでは，事象の出現頻度のその確率からのずれの極限分布にかんするド・モアブル–ラプラスの定理が，もっとも重要といわねばならない．

　ベルヌーイの公式によると，n 回のベルヌーイ試行のうちの m 回が成功となる確率は，任意の $0 < p < 1$ に対して，$P_n(m) = {}_nC_m \, p^m (1-p)^{n-m}$ であり，$p = 1/2$ の対称な場合には，$P_n(m) = {}_nC_m \, 2^{-n}$ である (4.2 節)．n がそれほど大きくないときには，式の右辺にある階乗やべき乗を直接計算するか，特別な表 (たとえば，21 ページの階乗の対数表) を用いればよい．しかし大きな n に対しては，ベルヌーイの式は直接の計算にはほとんど役に立たない．かりに，$n = 100, m = 50$ とすると，$P_{100}(50)$ の計算のためには ${}_{100}C_{50}$ と 2^{-100} を求

める必要があるし，$\sum_{m=50}^{65} P_{100}(m)$ の形の確率を計算しようとすると，もっと面倒になる．

ド・モアブル-ラプラスの定理とポアソンの定理は，

$$\Phi(x) = \frac{1}{\sqrt{2\pi}} \int_{-\infty}^{x} e^{-u^2/2} du \quad \text{と} \quad \Pi(m) = e^{-\lambda} \frac{\lambda^m}{m!}$$

の関数表を用いる近似式を提供することによって，こうした計算を容易にする．もちろん，コンピュータのもつ可能性が，こうした近似公式の計算的価値をある程度低下させる．なぜなら，コンピュータ上で容易に実行される，純粋に組合せ論的数値計算の手法の役割が増大しているからである．しかし，ド・モアブル-ラプラスの定理とポアソンの極限定理の真の価値は，計算的なものではまったくなく，その確率論における原理的な役割にある．その役割を明らかにするためには，これらの定理において2項分布の極限が，それ自身で確率分布になっていることを示す必要がある．

ド・モアブル-ラプラスの積分定理の右辺の $\Phi(t_2) - \Phi(t_1)$，すなわち

$$\sum_{m=m_1}^{m_2} P_n(m) \sim \frac{1}{\sqrt{2\pi}} \int_{t_1}^{t_2} e^{-x^2/2} dx = \Phi(t_2) - \Phi(t_1)$$

の確率論的意味は，非負関数 $\varphi(t) (-\infty < t < \infty)$ を用いて，任意の区間 (t_1, t_2) の値をとる確率が積分 $\int_{t_1}^{t_2} \varphi(t) dt$ で与えられるような確率変数の存在を示しているところにある．ただし，$\int_{-\infty}^{\infty} \varphi(t) dt = 1$ である．このような性質をもつ関数 $\varphi(t)$ を確率密度と呼ぶ．そして，こうした確率変数の分布は，通常，連続分布と呼ばれている．密度 $\varphi(t) = \dfrac{1}{\sqrt{2\pi}} e^{-t^2/2}$ をもつ分布を **正規分布** と呼び，関数 $\Phi(t)$ を**正規分布関数**という．したがって，差 $\Phi(t_2) - \Phi(t_1)$ は，正規分布にしたがう確率変数が，区間 (t_1, t_2) の値をとる確率である．この分布は，しばしばガウスの名をとって**ガウス分布**と呼ばれている．この分布はまた，ほぼ同じ頃ラプラスが，天文学と測地学の観測における誤差の分布として得ていた．ラプラスとガウスの誤差理論における研究は，かなり一般的な条件のもとで，多数の小さな偶然誤差の和として得られる全体的な誤差の分布が，近似的には正規分布であることを明らかにした．こうして，ド・モアブル-ラプラス

の漸近式は，十分に普遍的な確率法則から得られる結果であることがわかった．確率論とその応用において正規分布が果たす役割は，中心極限定理によって確定したのである．確率変数 $X_1, X_2, \ldots, X_n$ が，**中心極限定理**にしたがうとは，任意の実数 α, β と和 $S_n = X_1 + \cdots + X_n$ に対して，$n \to \infty$ のとき

$$P\left\{\alpha \leqq \frac{S_n - E(S_n)}{\sqrt{V(S_n)}} \leqq \beta\right\} \sim \int_\alpha^\beta e^{-u^2/2} du$$

が成り立つことである．この公式は，確率変数列 $X_1, X_2, \ldots, X_n$ に対する非常に広い条件下で成り立つ．

ド・モアブル-ラプラスの定理は，中心極限定理を，$X_1, X_2, \ldots, X_n$ が互いに独立で，1と0の値を，確率 $P\{X_i = 1\} = p, P\{X_i = 0\} = q, p + q = 1$，でとるときに適用したものである．ド・モアブル-ラプラスの定理に戻ると，2項分布に対する近似は，p が 1/2 に近ければ近いほどよくなることがわかる．p の値が 0 と 1 に近いときには，ポアソンの近似式

$$P_n(m) \sim e^{-\lambda} \frac{\lambda^m}{m!}, \qquad \lambda = np$$

を使うほうがよい (4.3 節を参照)．任意の $\lambda > 0$ に対して，値 $e^{-\lambda} \frac{\lambda^m}{m!}$ は，非負で，m が可算集合 $\{0, 1, 2, \ldots\}$ のすべての値をとるときの和は 1 である．したがって，非負のすべての整数値 $0, 1, 2, \ldots$ をとる確率変数の分布と考えることができる．この分布は，**ポアソン分布**と呼ばれている (可算個の値をとる確率変数の分布の例)．正規分布とポアソン分布という二つの極限分布は，さまざまな場面へとわれわれを案内してくれるが，その説明はこの本の範囲を越えている．

演習問題解答

[3.2 節]

1. $a_i (i=1,2,3,4)$ について「起こる」，「起こらない」の 2 通りの場合があるので，全部で $2^4 = 16$ 通り．
2. $A \subset BC$, $B \cup C \subset A$.
3. これは，ド・モルガンの法則．ベン図で表すとわかりやすい．
4. A.
5. ベン図で表せば，明らか．
6. 例 1 と同じ記号を使うと，
$$P(A_2) = \frac{1}{64},\ P(A_4) = \frac{3}{64},\ P(A_6) = \frac{5}{64},\ P(A_8) = \frac{7}{64},$$
$$P(A_{10}) = \frac{7}{64},\ P(A_{12}) = \frac{5}{64},\ P(A_{14}) = \frac{3}{64},\ P(A_{16}) = \frac{1}{64}.$$
$$\therefore\ P(A) = \frac{32}{64},\ P(B) = \frac{32}{64}.$$
7. 合計が 3 で割り切れる確率は 1/3，8 以上になる確率は 5/12．7 になる確率が 1/6 で一番大きい．
8. I 型回路に電流が流れる確率は $\dfrac{15}{64}$，II 型回路に電流が流れる確率は $\dfrac{21}{64}$．
9. 少なくとも 1 回表の出る確率は 3/4，2 回続けて裏の出る確率は 1/4．
10. 「$n=2$ から $n=3$」の場合にならって数学的帰納法を用いて証明すればよい．
11. 5 人の帽子を A_1, A_2, A_3, A_4, A_5 とする．

   1) A_1 が最初に取り出される場合は 4! 通りだから，A_1 が最初に取り出されない場合は 5! − 4! 通り．

   2) A_2 が 2 番目に取り出される場合は 4! 通り，この中で A_1 が 1 番目に取り出される場合は 3! 通り．したがって A_2 が 2 番目に取り出されて，A_1 が 1 番目に取り出されない場合は 4! − 3! 通り．

3) A_1 が最初に取り出されず，A_2 が 2 番目に取り出されない場合は $(5! - 4!) - (4! - 3!) = 5! - 2 \cdot 4! + 3!$ 通り．

4) A_3 が 3 番目に取り出され，A_1 が 1 番目でなく，A_2 が 2 番目でない場合は $4! - 2 \cdot 3! + 2!$ 通り．

5) A_1, A_2, A_3 がともに順番通りに取り出されない場合は $(5! - 2 \cdot 4! + 3!) - (4! - 2 \cdot 3! + 2!) = 5! - 3 \cdot 4! + 3 \cdot 3! - 2!$ 通り．

6) $A_1, \ldots, A_5$ がすべて順番通りに取り出されない場合は $5! - {}_5C_1 \cdot 4! + {}_5C_2 \cdot 3! - {}_5C_3 \cdot 2! + {}_5C_4 \cdot 1!$ 通り．

7) 以上から，求める確率は
$$\frac{1}{5!}\left(5! - {}_5C_1 \cdot 4! + {}_5C_2 \cdot 3! - {}_5C_3 \cdot 2! + {}_5C_4 \cdot 1! - {}_5C_5 \cdot 0!\right) = \frac{1}{2!} - \frac{1}{3!} + \frac{1}{4!} - \frac{1}{5!} = \frac{11}{30}.$$

[3.3 節]

1. $\dfrac{2! \cdot 16!}{17!} = \dfrac{2}{17}$.

2. どの 2 人の少女も隣り合わせにならない確率は $\dfrac{2(n!)^2}{(2n)!}$．すべての少女が隣り合う確率は $\dfrac{(n+1)(n!)^2}{(2n)!}$．

3. 将棋盤上に敵味方の飛車 2 枚の駒のみを置く場合，その 2 枚の置き方は，全部で $9^2 \cdot (9^2 - 1) = 81 \cdot 80$ である．そのなかで，それらが互いに相手の利き筋にはいらない場合の数は，最初に一つの飛車を盤面のどこに置いても，それの利き筋は自分自身の居る所も含めて 17 箇所であるから，$81 \cdot (81 - 17) = 81 \cdot 64$ である．したがって，2 枚の飛車が互いに相手の利き筋に入らない確率は，$\dfrac{81 \cdot 64}{81 \cdot 80} > \dfrac{1}{2}$．同様に考えると，チェスの場合には，白黒のルークが互いに相手の利き筋に入らない確率は，$\dfrac{64 \cdot 49}{64 \cdot 63}$ となり，これも $\dfrac{1}{2}$ より大きい．

[3.4 節]

1. 目の和が 10 になる場合，どれかを言い当てる確率は $1/3$．目の和が 7 になる場合は $1/6$．

2. $B = \overline{A_1 A_2}$ のときには成り立つ．

3. $\dfrac{1}{4}\left(\dfrac{5}{10} + \dfrac{2}{3} + \dfrac{5}{7} + \dfrac{7}{10}\right) = \dfrac{271}{420}$.

4. $\dfrac{1}{4}\left(\dfrac{1}{8}+\dfrac{5}{8}+\dfrac{7}{8}\right)=\dfrac{13}{24}$.

5.

アメーバの数	0	1	2	3	4
確率	11/32	4/32	9/32	4/32	4/32

6. A の勝つ確率は $p_1p_2+q_1q_2$, B の勝つ確率は $p_1q_2+q_1p_2$ である. A の勝つ確率が最大になるのは，$p_2>0.5$ ならば $p_1=1$ のとき，$p_2=0.5$ ならば任意の p_1 に対して，$p_2<0.5$ ならば $p_1=0$ のとき，である．

7. ベロチカとモスカが 1 個ずつになる場合は，左のポケットから取り出した場合が 3 通り，右のポケットから取り出した場合が 4 通りだから，左のポケットから取り出した確率は 3/7，右のポケットから取り出した確率は 4/7．

[4.1 節]

1. $(a+b)^n$ において，たとえば $_nC_1 a^{n-1}b$ について考える．n 個の $a+b$ のうち，$n-1$ 個から a を，残りの 1 個から b を選べば，$a^{n-1}b$ が得られる．この選び方は $_nC_1$ 通りだけある．

2. 少なくとも 1 回赤玉を取り出す確率は $1-(0.9)^{10}\fallingdotseq 0.6513$. $1-(0.9)^n\geqq 0.9$ より，22 回以上必要である．

3. n 個から k 個を取り出すことは，n 個のうち，どの $n-k$ 個を残すか，と同じである．

4. 図 35.

[4.2 節]

1. 略.

2. $\dfrac{1}{6^{6000}}\displaystyle\sum_{k=0}^{500}{}_{6000}C_k\, 5^{6000-k}\leqq \dfrac{\dfrac{1}{6}\cdot\dfrac{5}{6}}{\left(\dfrac{1}{12}\right)^2\cdot 6000}=\dfrac{1}{300}$.

3. $p=q=\dfrac{1}{2}$ のとき．

[4.3 節]

1. $_nA_k=\dfrac{n!}{(n-k)!}$ とおくと，不等式 $(n-k+1)^k\leqq {}_nA_k\leqq n^k$ が成り立つことを利用せよ．

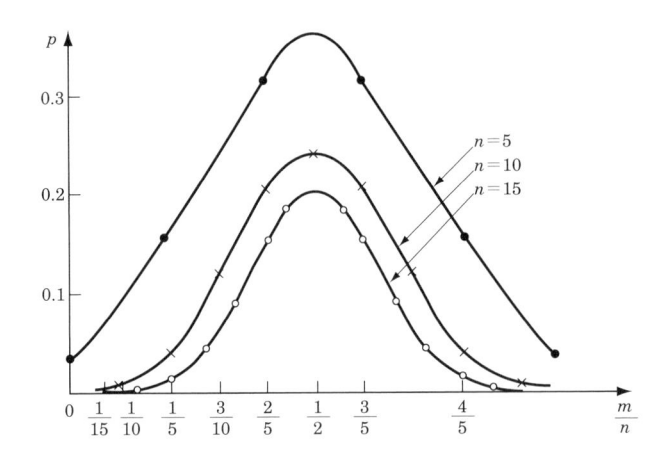

図 35　$n = 5, 10, 15$ のときの表の出る確率

2. $f(k) = P_n(k)/\Pi(k)$ とおき，$f(k+1) - f(k)$ を計算せよ．

3. 1 ページ当たり平均 1 個のミスプリントがあることになるから $\lambda = 1$ であり，求める確率は $\dfrac{1}{e} \sum_{k=0}^{2} \dfrac{1}{k!} = 0.9197$．

[5.2 節]

1. 求める道の数は，$(0,0)$ から $(2n-1, 1)$ への正の道の数に等しいから，問題 1 の解答を用いて，$\dfrac{1}{2n-1} L(2n-1, 1) = \dfrac{1}{2n-1} {}_{2n-1}C_n = \dfrac{1}{n} {}_{2n-2}C_{n-1}$．

2. $(0,0)$ から $(2n, 0)$ への非負の道は，点 $(1,1)$ と点 $(2n-1, 1)$ をかならず通る．この 2 点を結ぶ正の道を下に 1，左に 1 ずらすことによって，それと 2 点 $(0,0), (2n-2, 0)$ を結ぶ非負の道とを 1 対 1 に対応させることができる．その道の数は，原点から $(2n-1, 1)$ への正の道の数だから，問題 1 によって，$\dfrac{1}{2n-1} L(2n-1, 1) = \dfrac{1}{n} {}_{2n-2}C_{n-1}$ である．ここで，n を 1 増やせば，求める結果を得る．

3. 問題の道は，かならず点 $(1,1)$ を通ることと，問題の道全体を右に 1，上に 1 ずらすことによって点 $(1,1)$ から横座標 $2n+1$ までの道が得られることから，問題の道の数は，原点から横座標 $x = 2n+1$ の点で終わる正の道の数に等しく，問題 3 の結果を用いて，${}_{2n}C_n$ となる．

4. $\dfrac{y}{2n-y}L(2n-y,y) = L(2n-y,y) - 2L(2n-y-1, y+1)$ を示せばよい.

5. ヒントにあるように，直線 $y=-y_1$ にかんする鏡像の原理を用いればよい.

6. 直線 $y=y_2$ にかんする鏡像の原理を用いればよい.

[5.3 節]

1. $(0,0)$ から $(2n,0)$ に行く正の道は，$(2n-1,1)$ を通らなければならない．$(0,0)$ からそこまでの正の道の数は，5.2 節問題 1 より，$\dfrac{1}{2n-1}L(2n-1,1)$ であり，これが問題の正の道の数となる．負の道の数も同じだから，$(0,0)$ から $(2n,0)$ に初めて到達する確率 f_{2n} は，
$$2\frac{1}{2n-1}\frac{L(2n-1,1)}{2^{2n}} = \frac{1}{2n-1}\frac{{}_{2n-1}C_n}{2^{2n-1}}.$$

2. $2n$ 人のそれぞれが，10 ルーブル預ければ $+1$，引き出せば -1 を数直線上で動くとすると，この問題の確率は，$(0,0)$ を出発したランダム・ウォークが，$(2n,0)$ まで非負の道を通る確率に等しい．それは，5.2 節演習問題 3 によって，${}_{2n}C_n/2^{2n} = u_{2n}$ である．$n=4,5,6$ のときに，その確率を小数点以下 4 けたまで求めると，
$$u_8 = 0.2734, u_{10} = 0.2461, u_{12} = 0.2256$$
である (99 ページの表参照).

3. 右辺を計算して，左辺になることを示せばよい.

4. 原点を出発した粒子が，点 $(2n-m, m)$ に到達する確率は，$+1, -1$ の出現回数がそれぞれ $n, n-m$ であるから，${}_{2n-m}C_n 2^{-2n+m}$ となる．つぎに，和 (5.14) は，式 (5.13) を用いれば，$\sum_{y=m}^{n} g_{2n-y}^{(y)} = {}_{2n-m}C_n 2^{-2n+m}$ となることが，容易にわかる.

5. レベル $y+1$ に到達するためには，レベル y を通過しなければならず，そのさいさらにレベルを 1 上がる場合を考察すれば，それは，時刻 y に y に到達してからさらに時刻 $2n-y-1$ に 1 に到達する，時刻 $y+2$ に y に到達して，時刻 $2n-2y-3$ に 1 に到達する，$\ldots$，時刻 $2n-y-2$ に y に到達してから時刻 1 に 1 に到達する，という互いに排反する事象に分割でき，それらの個々の事象では，レベル 1 に粒子が到達してからの粒子の運動は，それまでの行動とは独立に運動するので，確率は積になることから，式 (5.15) の成立することがわかる.

6. まず，式 (5.12) から $g^{(1)} = \sum_{n=1}^{\infty} g_{2n-1}^{(1)} = \sum_{n=1}^{\infty} f_{2n} = 1$ である．つぎに，

$$g^{(y+1)} = \sum_{n=y+1}^{\infty} g_{2n-(y+1)}^{y+1} = \sum_{n=y+1}^{\infty} \sum_{\nu=y}^{n-1} g_{2\nu-y}^{(y)} g_{2n-2\nu-1}^{(1)}$$

$$= \sum_{\nu=y}^{\infty} \sum_{n-\nu=1}^{\infty} g_{2n-2\nu-1}^{(1)} g_{2\nu-y}^{(y)} = \sum_{\nu=y}^{\infty} g_{2\nu-y}^{(y)}$$

となるが，ここでもう一度式 (5.15) を用いれば，y についての帰納法で，これが 1 になることが証明できる．

7. 0 から出発した粒子は，確率 1 で y に到達するから，それを逆にたどる道もそうなる．

8. 直線上の粒子が，最初にそれぞれ座標 $a, a+b$ $(b>0)$ の点にいたとする．b が奇数のときに，もしも両者が点 x で出会ったとする．そうすると，二つのランダム・ウォークが，$X_1 + \cdots + X_n = S_n$, $Y_1 + \cdots + Y_n = T_n$ で表されるとしたとき，$x = a + S_n = a + b + T_n$ となるが，これは S_n と T_n は同時に偶数か奇数となることに矛盾する．したがって，b が奇数のときには，両者は出会うことができない．しかし，b が偶数のときには，こうしたことにはならず，両者は必ずどこかで出会うことになる．何故なら，もしも出会わないとすると，2 点 $a, a+b$ のあいだに障壁があって，両者はそこを越えて進めないことになるが，そういうことは起こらないからである．

[5.4 節]

1. 時刻 $2n$ に 0 に復帰する事象は，時刻 $2n$ に 0 にはじめて復帰する，2 回目の復帰をする，$\ldots$, n 回目の復帰をする，という n 個の排反事象の和事象になるから，その確率もこれら n 個の確率の和になる．

2. $f_{2n}^{(m)} = \dfrac{m}{2n-m} {}_{2n-m}C_n 2^{-2n+m}$ において，対数の定義より ${}_{2n-m}C_n 2^{-2n+m} = e^{\log {}_{2n-m}C_n} e^{(-2n+m)\log 2}$ であるが，$\log {}_{2n-m}C_n$ は $n \to \infty$ のとき，

$$\log {}_{2n-m}C_n \sim -n \log \frac{n}{2n-m} - (n-m) \log \frac{n-m}{2n-m} + \log \frac{2n-m}{\sqrt{2\pi}\sqrt{n(n-m)}}$$

であるから，これから

$$f_{2n}^{(m)} \sim \frac{m}{2n-m} \frac{\sqrt{2n-m}}{\sqrt{2\pi}\sqrt{n(n-m)}} e^{(2n-m)\log(1-\frac{m}{2n}) - (n-m)\log(1-\frac{m}{n})}$$

$$= \sqrt{\frac{2}{\pi}} \frac{m}{(2n-m)^{3/2}} \frac{2n-m}{2\sqrt{n(n-m)}} e^{(2n-m)\log(1-\frac{m}{2n}) - (n-m)\log(1-\frac{m}{n})}$$

$$\sim \sqrt{\frac{2}{\pi}} \frac{m}{(2n-m)^{3/2}} e^{-\frac{m^2}{2(2n-m)}}$$

となる. ここで, $n \to \infty$ のとき,

$$\log\left(1-\frac{m}{2n}\right) \sim -\frac{m}{2n} - \frac{m^2}{8n^2}, \quad \log\left(1-\frac{m}{n}\right) \sim -\frac{m}{n} - \frac{m^2}{2n^2}$$

となることと,

$$\frac{2n-m}{2\sqrt{n(n-m)}} \sim 1, \quad e^{-\frac{m^2}{2} \cdot \frac{m(4n-3m)}{4n^2(2n-m)}} \sim 1$$

を用いた. つぎに, 和 $\sum_{n=m}^{m+N} f_{2n}^{(m)} = \sum_{n=m}^{m+N} \sqrt{\frac{2}{\pi}} \frac{m}{(2n-m)^{3/2}} e^{-\frac{m^2}{2(2n-m)}}$ において, $y_n = \dfrac{2n-m}{m^2}$ とおくと, $y_{n+1} - y_n = \Delta y = \dfrac{2}{m^2}$ であるから, この和は, 積分

$$\int_0^{\frac{2N}{m^2}} \sqrt{\frac{2}{\pi}} \frac{1}{2} y^{-\frac{3}{2}} e^{-\frac{1}{2y}} dy = \frac{1}{\sqrt{2\pi}} \int_0^{\frac{2N}{m^2}} y^{-\frac{3}{2}} e^{-\frac{1}{2y}} dy$$

によって近似される. ここで, 変数変換 $\dfrac{1}{y} = u^2$ をおこない, $\dfrac{2N}{m^2} = \alpha$ とおき, $n = 2m$ から $n = 2m + 2N$ の $2N$ 時間を αm^2 時間に対応させれば, この積分は,

$$\frac{2}{\sqrt{2\pi}} \int_{\frac{1}{\sqrt{\alpha}}}^{\infty} e^{-\frac{u^2}{2}} du = 2\left(1 - \Phi\left(\frac{1}{\sqrt{\alpha}}\right)\right)$$

となる.

[5.5 節]

1. 時刻 $2k$ で 0 に復帰し, その後は, 正または負の道をたどる確率は, 時刻 $2k$ までの事象とその後の事象は独立なので, 時刻 $2k$ に 0 となる事象の確率 u_{2k} と, その後の, 長さ $2n-2k$ の 0 に復帰しない事象の確率との積になるが, 後者は式 (5.3) により, u_{2n-2k} である.

2. $k = n$ または 0 のときには, 5.2 節演習問題 2 により, $(0,0)$ から $(2n,0)$ への非負 (正) の道の個数は, $\dfrac{1}{n+1} {}_{2n}C_n$ である. $0 < k < n$ のときには, 横軸より下にある道を, 横軸にかんして対称にもち上げれば, 非負の道が得られるので, その個数は $k = n$ の場合と変わらない.

3. 5.2 節演習問題 3 から正負を逆転すれば, $(0,0)$ を出る長さ $2n$ の非正の道が, 確率 u_{2n} で起こることがわかる. このことは, 時刻 $0\,(k=0)$ で, 最初の最大値が起こる確率が $u_{2n} = p_{0,2n}$ であることを示す. これは, 長さ $2n-1$ として

も変わらない．つぎに，時刻 $2n$ で最初の最大値に到達するときは，それらのすべての道を 180 度回転することによって，問題を，長さ $2n$ の正の道の問題に転換できるので，5.2 節問題 3 から，その確率が $\frac{1}{2}u_{2n}$ であることがわかる．また，この問題を，時刻 $2n+1$ で最初の最大値に到達するとしても，それが起こる確率も，$\frac{1}{2}u_{2n}$ である．というのは，両者の道の数は同じだからである．さて，問題の時刻 $2k$ または $2k+1$ で最初の最大値に到達する道を時刻 $2k$ で二つに分ければ，前半は，最後に最大値に達する場合であり，後半は最初の時刻で最大値になる場合になっていて，その長さが $2n-2k$ あるいは $2n-2k-1$ である．これらを合わせれば，求める確率は $u_{2k} \cdot 2\frac{1}{2}u_{2n-2k} = p_{2k,2n}$.

[6.1 節]

1. この n 個の集合の各要素は，これらを組み合わせた集合に属するか属さないかのいずれかであるから，2^n 個の集合とその定義関数が得られる．

2. 1 点 (i,j) からなる集合の定義関数を χ_{ij} とすると，任意の部分集合 E の定義関数は，$\chi(E) = \sum \chi_{ij}$ で表せる．ここで，和は E に属するすべての点 (i,j) についてとるものとする．

3. X, Y をそれぞれ，1 回目と 2 回目の表の数 (表なら 1，裏なら 0) を表す確率変数とすると，$P(X=i, Y=j) = P(X=i)P(Y=j) = 1/4$ が i と j の四つの組み合わせすべてについていえるから，X, Y は独立な確率変数である．

4. X, Z をそれぞれ 1 回目，3 回目に出た目の数とする．そのとき，2 回目には何が出てもよいから，その目の数を Y としたとき，
$$P(X=i, Z=j) = \sum_{k=1}^{6} P(X=i, Y=k, Z=j)$$
$$= \frac{6}{216} = \frac{1}{36} = P(X=i)P(Y=j).$$

5. 四つの機械を左から順に 1, 2, 3, 4 とする．仕事の終わった機械が，1〜4 である確率はそれぞれ同じで 1/4 であるとする．いまいる機械から，同じ機械に移る確率は 1/4 であるから，その確率は $1/4 \cdot 1/4 = 1/16$ であるが，いまどの機械にいてもよいから，移動距離 0 の確率は $P_0 = 4 \cdot 1/16 = 1/4$. つぎに，移動距離 a になる場合は，1 または 4 の機械にいるときには，隣が一つしかないが，2 または 3 の機械にいるときには，隣が左右の二つある．したがって，$P_a = 2(\frac{1}{4})(\frac{1}{4}) + 2(\frac{1}{4})(\frac{1}{2}) = 3/8$, 移動距離 $2a$ のときは，1〜4 のどの機械に

いても，確率 $1/4$ で距離 $2a$ の機械に移るから，$P_{2a} = P_0 = 1/4$．移動距離 $3a$ の場合は 1 または 4 の機械にいるときにのみ，可能であるから，$P_{2a}/2 = 1/8$．

[6.2 節]

1. $E(\xi\eta) = \dfrac{441}{36} = \left(\dfrac{21}{6}\right)^2 = E(\xi)E(\eta)$．

2. 通常のサイコロの場合，全体で $6^3 = 216$ 通りのうち，目の和が 3 から 10 までになる場合と，11 から 18 までになる場合は同数あるから，目の和が 9 以上になり確率は $1/2$ より大きい．もう一つのサイコロの場合には，目の和は 3,6,9,12 にしかならず，3 か 6 になる場合と 9 か 12 になる場合は同数あるので，目の和が 9 以上になる確率は $1/2$ であり，通常のサイコロのほうが確率が大きい．

3. 「36 から 5」の場合の賞金の期待値は，$\dfrac{1}{_{36}C_5}\left(10000 \cdot 1 + 175 \cdot (5 \cdot 31) + 8 \cdot (_5C_1\, _{31}C_2)\right) = 0.197$ ルーブルであり，「49 から 6」の場合では，$\dfrac{1}{_{49}C_6}\left(10000 \cdot 1 + 2730 \cdot 6 \cdot 43 + 42 \cdot (_6C_4\, _{43}C_2) + 3 \cdot (_6C_3\, _{43}C_3)\right) = 0.145$ ルーブルであるから，「36 から 5」のほうが有利．

[6.3 節]

1. ξ, η の確率分布は，以下の表になる．
    $E(\xi) = 5/2,\ V(\xi) = 5/4;\quad E(\eta) = 31/16,\ V(\eta) = 303/256.$

i	0	1	2	3	4	5
$P(\xi = i)$	1/32	5/32	10/32	10/32	5/32	1/32
$P(\eta = i)$	1/32	12/32	11/32	5/32	2/32	1/32

2. x と z の確率分布は，以下の表になる．
    $E(x) = 7/2,\ V(x) = 35/12;\quad E(z) = 161/36,\ V(z) = 2555/1296$

i	1	2	3	4	5	6
$P(x = i)$	1/6	1/6	1/6	1/6	1/6	1/6
$P(z = i)$	1/36	3/36	5/36	7/36	9/36	11/36

3. 通常のサイコロの目の和を S_1，もう一つのサイコロの目の和を S_2 とすると，$E(S_1) = E(S_2) = 3 \cdot 3.5 = 10.5$，$V(S_1) = 3 \cdot 35/12 = 8.75$，$V(S_2) = 3 \cdot 3 \cdot 25/4 = 18.75$．

4. 「シュワルツの不等式」を用いる．

[6.4 節]

1. S を表の出た回数とすると, $E(S) = 800$, $V(S) = 400$ であるから, チェビシェフの不等式により, a) $P(S \geqq 1200) = \frac{1}{2} P(|S-800| \geqq 400) \leqq \frac{1}{2} \cdot 400/400^2 = 1/800$. 同様にして, b) $P(S \geqq 900) \leqq 0.02$.

2. 粒子の個数を X とすると, $E(X) = 1$, $V(X) = 0.99$ であるから, チェビシェフの不等式により, $P(|X-1| \geqq 10) \leqq 0.99/100 = 0.0099$.

[6.5 節]

1. $\dfrac{1}{2^{10}} (1+s)^{10}$.

2. $p = P(A)$, $q = 1-p$ とすると, χ_A の母関数は $q + ps$.

3. $\displaystyle\sum_{k=0}^{n} {}_nC_k p^k q^{n-k} s^k = (ps+q)^n$.

[第 7 章]

1. $E(Y_k) = 1 \cdot p + (-1) \cdot q = p - q$, $V(Y_k) = (1-(p-q))^2 \cdot p + (-1-(p-q))^2 \cdot q = 4pq$. あとは, 6.2 節, 6.3 節の平均値, 分散の性質を用いればよい.

2. 式 (7.1) そのものである.

3. 原点から $(2n, 0)$ に初めて戻る道は, 横軸の上を通る正の道と下を通る負の道がある. 正負の道の数は同数だから, 正の道のみを考えればよい. それは原点から $(2n-1, 1)$ への正の道の数であり, 5.2 節問題 1 により, $\dfrac{1}{2n-1} {}_{2n-1}C_n$ に等しいから, 求める確率は, $f_{2n} = 2 \dfrac{1}{2n-1} {}_{2n-1}C_n p^n q^n = \dfrac{2}{n} {}_{2n-2}C_{n-1} p^n q^n$. 別解として, 7.2 節の f_{2n} の母関数 $F(z) = 1 - (1 - 4pqz^2)^{1/2}$ を用いれば, $(1 - 4pqz^2)^{1/2}$ のべき級数展開を用いた計算により,
$$F(z) = \sum_{n=1}^{\infty} \frac{2}{n} {}_{2n-2}C_{n-1} p^n q^n z^{2n}$$
となるので, z_{2n} の係数としての f_{2n} を得る.

4. 点 0 で吸収される道の場合, 横軸にかんして対称な $-z$ を出発する道と対応させられるから,
$$q_{n,y}(z) = u_{n,y-z} - u_{n,y+z}$$

を得る．つぎに，粒子が 2 点 $0, a(> 0)$ で吸収される場合には，z を出て y に行く確率は，$u_{n,y-z}$ から，0 に吸収される場合の確率，a に吸収される場合の確率を引かなければならない．それらは，それぞれ $0, a$ にかんする鏡像の原理から，$u_{n,y-(-z)}, u_{n,y-(2a-z)}$ であるが，これらは，さらに $a, 0$ に吸収される場合の確率を引き過ぎているので，それらを戻すことにすると，それぞれ，$u_{n,y+z} - u_{n,y-(2a+z)}, u_{n,y+z-2a} - u_{n,y-(z-2a)}$ となるが，これらもさらにその後 $0, a$ に吸収されるから，確率を引きすぎているので，そうした効果による確率，それぞれ $u_{n,y-(-2a-z)}, u_{n,y-(z-2a)}$ を考慮しなければならない．こうした考慮を次々におこなうことにより，求める確率は

$$u_{n,y-z} - (u_{n,y+z} - (u_{n,y-z-2a} - (u_{n,y-z-4a} - (\cdots$$
$$- (u_{n,y+z-2a} - (u_{n,y-z+2a} - (\cdots$$

となる．このプロセスは，$0 < y \pm z \pm 2ka \leqq n$ の範囲の $k = 1, 2, \ldots$ で続けられるが，上の式をまとめると，$k = 0, \pm 1, \pm 2, \ldots$ についての和

$$q_{n,z}(y) = \sum \left(u_{n,y-z-2ka} - u_{n,y+z-2ka} \right)$$

を得る．

5. 今度は，式 (7.10) のかわりに，式 $q_a = pq_{a+1} + qq_{a-1} + rq_a$ となるが，これは，$1 - r = p + q$ を用いれば，$(p+q)q_a = pq_{a+1} + qq_{a-1}$ となる．これは，$r = 0$ のときの式 (7.10) と同じである．

6. $X_1, \ldots, X_n$ を互いに独立で，同一の分布 $P(X_k = 1) = p, P(X_k = 0) = q, (1 \leqq k \leqq n)$ をもつとすると，$S_n = X_1 + \cdots + X_n$ であり，$E(X_k) = p, V(X_k) = p(1-p)$ より (6.2 節，6.3 節参照)，

$$E\left(\frac{S_n}{n}\right) = p, \quad V\left(\frac{S_n}{n}\right) = \frac{p(1-p)}{n}.$$

7. $L(p) = p^m(1-p)^{n-m}, L'(p) = p^{m-1}(1-p)^{n-m-1}(m - np) = 0$ より，$p = \dfrac{m}{n}$.

8. 可能な抽出数は全体で，${}_N C_n$ 通り．そのうち，m 個の白玉を取り出す場合は，それ以外の $n - m$ 個は別な玉なので，${}_M C_m \, {}_{N-M} C_{n-m}$ である．これから，求める確率を得る．

9.
$$E(S_n) = \sum_{m=1}^{n} m \frac{{}_M C_m \, {}_{N-M} C_{n-m}}{{}_N C_n} = \frac{1}{{}_N C_n} \sum_{m=1}^{n} \frac{M! \, {}_{N-M} C_{n-m}}{(m-1)!(M-m)!}$$

192　演習問題解答

$$= \frac{M}{{}_N C_n} \sum_{m=1}^{n} \frac{(M-1)!\; {}_{N-M}C_{n-m}}{(m-1)![(M-1)-(m-1)]!}$$

$$= \frac{M}{{}_N C_n} \sum_{m=1}^{n} {}_{M-1}C_{m-1} \cdot {}_{(N-1)-(M-1)}C_{(n-1)-(m-1)}$$

$$= \frac{M}{{}_N C_n} \sum_{k=0}^{n-1} {}_{M-1}C_{k} \cdot {}_{(N-1)-(M-1)}C_{(n-1)-k}$$

$$= \frac{M}{{}_N C_n} \; {}_{N-1}C_{n-1} = n\frac{M}{N}.$$

ゆえに，$E\left(\dfrac{S_n}{n}\right) = \dfrac{1}{n}E(S_n) = \dfrac{M}{N} = p$．ここで，2項係数にかんする公式 (数学的帰納法で証明できる)

$$\sum_{k=0}^{n} {}_a C_k \; {}_b C_{n-k} = {}_{a+b}C_n$$

を用いた．

10. 7.4 節の式 (7.18) より，$n = 100, S_n = 70, \alpha = 0.5$ のときの信頼区間は，$(0.63, 0.77)$ である．(訳者注：通常は，チェビシェフの不等式から求められる式 (7.18) よりは精密な，ド・モアブル–ラプラスの定理を用いて信頼区間をつくる．また，多くの場合 $\alpha = 0.05$ が用いられる)

[第 8 章]

1. $f(s) = \dfrac{1}{4}\left(1 + s + 2s^2\right)$ である．これから，個体数の分布を与える母関数を得る：

$$f_3(s) = \frac{809}{2048} + \frac{19}{256}s + \frac{179}{1024}s^2 + \frac{7}{64}s^3 + \frac{265}{2048}s^4 + \frac{13}{256}s^5 + \frac{11}{256}s^6$$
$$+ \frac{1}{64}s^7 + \frac{1}{128}s^8.$$

2. $f(s) = \dfrac{1}{2}\left(1 + s^2\right)$ より (小数点以下 5 位で四捨五入して)，

$$P(z_4 = 0) = f_4(0) = \frac{1}{2}\left(1 + \frac{1}{4}\left(1 + \frac{1}{4}\left(1 + \frac{1}{4}\right)^2\right)^2\right) = 0.7417.$$

3. $f(s) = \dfrac{1}{2}\left(1 + s^2\right), \mu = f'(1) = 1, f''(1) = 1$ だから，8.5 節の結果より，$P(z_{100} > 0) \sim 0.02$．また，直接計算によっても，$P(z_{100} > 0) = 1 - P(z_{100} = 0) = 1 - f_{100}(0) = 1 - 0.9812 = 0.0188$ である．

演習問題解答　　193

4. $f(s) = 0.9 + 0.1s^2$ より, $f_2(0) = 0.9 + 0.1f(0)^2, f_3(0) = 0.9 + 0.1f_2(0)^2$. これから, $P(z_3 > 0) = 1 - P(z_3 = 0) = 0.0038$.

5. 4. と同様にして, $f_2(0) = 0.9 + 0.1f(0)^2, f_3(0) = 0.9 + 0.1f_2(0)^2, \ldots, f_{10}(0) = 0.9 + 0.1f_9(0)^2$ を求めて, $P(z_{10} > 0) = 1 - f_{10}(0) = 1 - 0.99999995 = 0.00000005$. また, ここでの $\mu = E(z_1) = 0 \cdot 0.9 + 2 \cdot 0.1 = 0.2 < 1$ だから, 8.5 節の結果から, 第 n 世代まで生き残る確率は, $P(z_n > 0) \leqq \mu^n = 0.2^n$.

6. $f(s) = 0.1 + 0.9s^2$ より, $P(z_3 > 0) = 1 - f_3(0) = 0.8893$. また, $\mu = f'(1) = 1.8 > 1$ であるから, 8.4 節の定理より, 方程式 $s = f(s)$ の 1 より小さい正の解を求めると $1/9$ である. ゆえに, $\lim_{n \to \infty} P(z_n > 0) = 1 - \lim_{n \to \infty} P(z_n = 0) = 1 - \frac{1}{9} = \frac{8}{9}$.

7. 2. の結果を用いて, $P(z_4 = 0/z_0 = 5) = f_4(0)^5 = 0.7417^5 = 0.2245$.

8. $f(s) = 0.5(1 + s^2), f'(1) = \mu = 1, f''(1) = 1$ だから, $P(z_{100} > 0/z_0 = 1) \sim \frac{2}{100}$. $P(z_{100} = 0/z_0 = 1) \sim 1 - \frac{2}{100}$. ゆえに, $P(z_{100} > 0/z_0 = 100) = 1 - P(z_{100} = 0/z_0 = 100) = 1 - f_{100}(0)^{100} \sim 1 - 0.98^{100} = 0.8674$.

9. $f(s) = 0.9 + 0.1s^2, P(z_3 > 0/z_0 = 10) = 1 - f_3(0)^{10} = 0.00376$. それが, $z_0 = 1000$ のときは, 0.977 になる.

10. $f(s) = 0.9 + 0.1s^2$ で, $P(z_{10} > 0/z_0 = 100) = 1 - (f_{10}(0))^{100} = 0.0000048$.

11. 求める確率は, $1 - f_3(0)^{200} = 0.9775, 1 - f_3(0)^{400} = 0.9995, 1 - f_3(0)^{800} = 0.9999993$.

12. $f(s) = 0.1 + 0.9s^2$ であり, $P(z_3 > 0/z_0 = 1) = 1 - f_{(3)}(0) = 0.8893$ また, $P(z_3 > 0/z_0 = 10) = 1 - (f_3(0))^{10} = 1 - 2.76 \cdot 10^{-10}$.

訳者あとがき

この本は,

 А.Н.Колмогоров, И.Г.Журбенко, А.В.Прохоров；
 Введение в Теорию Вероятностей, 2-е изд.
 Наука,Физматлит, 1995

を翻訳したものです．原書は,「著者まえがき」に書いてあるように，モスクワ大学ならびにその付属物理・数学学校で長年行われた講義にもとづいて書かれたもので，確率論の比較的平易な入門書となっています．初版は1982年で，5年後の1987年に著者のひとり A.N. コルモゴロフは亡くなっていますが,「第2版まえがき」にあるように，病気中にもかかわらず，新しい版の計画に最後まで参画していたようです．

　第1章「確率概念への組み合せ論からのアプローチ」は，コルモゴロフひとりの手で書かれたもので，この本の学習の導入的役割をしていると思われます．
　この本は，第2章に「確率と頻度」の1章をもうけて，確率の古典的定義，統計的定義，公理的定義についてやや詳しく考察しています．第3, 4, 6章は，一般の確率論入門書にみられるような基本的説明ですが，第5, 7, 8章の記述はユニークな特徴をもっています．　第5章「対称なランダム・ウォーク」は，この本でも参考図書に挙げている，有名な W. フェラー『確率論とその応用』との類似点もみられますが，この本のほうがまとまっている感を受けます．第7章で，ランダム・ウォークと関連して統計的推論を説明している点も，この本のユニークなところですし，第8章「出生・死滅過程」は，短い説明ですが，生物の種の絶滅過程を確率論的に研究するのに，役立つものと思われます．全体としてみると，この本はフェラーの本と類似の配列や記述がみられる一方，多くの箇所でユニークな記述がみられ，フェラーの本がやや冗長気味であるの

に対し，簡潔にまとまっていて，理工系はもちろん，経済・経営系の大学の確率論の講義テキストとして十分役立つものと考えられます．

原書ではいくつかのミスプリントや数値の誤りがありましたが，邦訳ではすべて訂正したつもりです．演習問題は必ずしも洗練されているとはいえず，適当でないと判断されるものや，意味不明のものもありました．第8章では不適切と思われる3題を除くとともに，問題の配列もより自然な順序に変更しました．また演習問題の解答は，原書ではたんに数値の答と一部の問題にヒントを与えているだけで，証明問題についてはまったく解がついていませんでした．邦訳では読者の便宜を考慮して，かなり詳しい解答を作成して載せました．

訳の分担は前半 (第1～4章) を丸山，後半 (第5～8章) を馬場が担当しましたが，FAXの交換，さらに合宿での意見統一によって誤りのないよう万全を期しました．それでもなお不完全な点があるかと思います．お気づきの点がありましたら，出版社を通じてお知らせ願えれば幸いです．

邦訳を出すに当たって故・宮本敏雄先生には，出版社との交渉などで大変お世話になりました．また小栗勝 (浜松短期大学)，中村正義 (常葉学園浜松大学) の皆さんには訳文や演習問題解答の検討でお世話になりました．なお，この本の TeX 原稿を作成するのに当たっては，訳者がまったくの初心者だったために，大田春外 (静岡大学)，深澤広明 (NTT情報流通プラットフォーム研究所)，森崎満 (森北出版) ほか多くの方々のお世話になりました．厚くお礼申し上げます．

また，原著者の言葉も載せたいと考え，出版社ほかを通じて連絡をとるべく努力しましたが，現在までに連絡がとれていません．A. コルモゴロフ (1903～1987) は現代確率論の創始者として著名ですが，著者のひとりでコルモゴロフの弟子である A. プロホロフは，やはり確率論で著名な Yu. プロホロフ (1929～) の甥で，現在モスクワ大学の数理統計学の助教授であり，I. ジュルベンコは，かつてモスクワ大学でコルモゴロフの助手だった人ですが，いまはアメリカにいるとのことです．

2003年1月

丸山哲郎，馬場良和

索　引

記　号
$n!$ (n の階乗)　2
$A \cup B$ (和事象)　34
$A \cap B$ (積事象)　35
$A \subset B$ (A は B に含まれる)　36
$\overline{A}$ (余事象)　35
ϕ (空事象)　37
$P(A)$ (事象 A の確率)　33
$P(A \mid B)$ (条件つき確率)　51
$E(\xi)$ (平均値)　127
$V(\xi)$ (分散)　132
$_nC_m$ (組合せの数)　14, 17, 45
$_nP_m$ (順列の数)　44

あ　行
一致的 (推定値)　157

か　行
階乗　2, 45
ガウス分布　179
確実な事象　32
確率　4
確率分布　122
確率変数　121
仮説の検定　159
加法定理 (確率の)　37
吸収壁　150

棄却 (仮説の)　159
期待値 (確率変数の)　126, 168
逆正弦法則　109, 113
鏡像の原理　93
空事象　37
偶然誤差　132
偶然事象　32
組合せ　18, 45
公理的定義 (確率の)　28
古典的定義 (確率の)　6, 25, 29
ゴールトン盤　13, 78
根元事象　32

さ　行
最大尤度原理　157
採択 (仮説の)　159
最尤法　157
3 次元のランダム・ウォーク　118
事後確率　60
事象　3
辞書式配列　44
事前確率　60
死滅確率　169
出生・死滅過程　165
順列　2, 43
条件つき確率　51
乗法定理 (確率の)　56

信頼区間　158
スターリングの公式　22
正規分布　179
正規分布関数　88, 179
正規分布の密度関数　88
正の道　94
積事象　35
積分形極限定理　86
全確率の公式　58

た　行

対称なベルヌーイ試行　78
対称なランダム・ウォーク　91, 115
大数の強法則　149
大数の法則　71, 135, 137
第2逆正弦法則　115
互いに独立 (確率変数が)　124
チェビシェフの定理　137
チェビシェフの不等式　135
中心極限定理　180
重複対数の法則　149
定義関数 (事象の)　122
統計的推論　155
統計的定義 (確率の)　6, 29
同程度に確からしい　5, 25
投票の定理　95
独立 (事象の)　55
独立 (確率変数の)　124
ド・モアブル-ラプラスの積分形極限
　　　定理　86
ド・モアブル-ラプラスの定理　85, 179

な　行

2項確率　64

2項係数　17
2項分布　127
2次元のランダム・ウォーク　117
ニュートンの2項式　18
ニュートンの2項定理　17, 67

は　行

排反 (事象が互いに)　37
破産確率　153
破産問題　150, 153
パスカルの三角形　15, 17
非正の道　94
非負の道　94
頻度　26
頻度の統計的安定性　27
フェルミ-ディラックの統計　49
不可能な事象　37
復元抽出　155
復元無作為抽出　157
含む/含まれる　36
負の道　94
不偏的 (推定値)　157
ブラウン運動　6
分散 (確率変数の)　132, 168
分散の和　133
平均値 (確率変数の)　11, 127
平均値の和　128
平均平方　11
平均平方偏差　17
ベイズの定理　59
ベルヌーイ試行　63, 70, 143
ベルヌーイの公式　64
ベルヌーイの公式の近似式　75
ベルヌーイの定理　71

ベルヌーイの問題　74
ポアソンの近似式　77
ポアソンの定理　75, 179
ポアソン分布　180
母関数 (確率変数の)　139, 167
ボース-アインシュタインの統計　48

ま　行

マックスウエル-ボルツマンの統計　47
道　93
無作為非復元抽出　157

や　行

有意水準　158
有界　22
余事象　31, 35

ら　行

ランダム・ウォーク　9, 12, 78, 91,
　　　　　　　　98, 115, 145
粒子の軌道　93
粒子の復帰　98
粒子のブラウン運動　9
粒子の軌跡　145

わ　行

和事象　34

訳者略歴

丸山　哲郎 (まるやま・てつろう)
　1929 年 長野県に生まれる．
　東北大学卒業
　静岡大学工業短期大学部 名誉教授

馬場　良和 (ばば・よしかず)
　1935 年 群馬県に生まれる．
　京都大学大学院修士課程修了
　静岡大学 名誉教授

| コルモゴロフの確率論入門 | 版権取得　2000 |

2003 年 3 月 24 日　第 1 版第 1 刷発行　【本書の無断転載を禁ず】
2014 年 9 月 30 日　第 1 版第 5 刷発行

訳　　者　丸山哲郎，馬場良和
発　行　者　森北博巳
発　行　所　森北出版株式会社
　　　　　　東京都千代田区富士見 1–4–11(〒 102–0071)
　　　　　　電話 03–3265–8341 ／ FAX 03–3264–8709
　　　　　　日本書籍出版協会・自然科学書協会　会員
　　　　　　http://www.morikita.co.jp/
　　　　　　JCOPY ＜(社)出版者著作権管理機構　委託出版物＞

落丁・乱丁本はお取替えいたします　　　印刷/モリモト印刷・製本/協栄製本

Printed in Japan /ISBN978-4-627-09511-3

図書案内　森北出版

大学編入試験問題 数学/徹底演習 第3版
―微分積分/線形代数/応用数学/確率

林　義実・小谷泰介／共著

菊判　・　288頁　　定価(本体 2600円＋税)　　ISBN978-4-627-04873-7

大学編入を志す高専生の声に応えて内容をリニューアル！　全国の大学で出題された数学の編入試験問題を，単元・項目別に収録した問題集．微分積分，線形代数，応用数学，確率を演習書形式で丁寧に解説した．近年出題されることの多い「ベクトル空間」に関する内容もおさえた，編入試験対策の決定版．

医系の統計入門　第2版

根岸龍雄／監修　階堂武郎／著

菊判　・　192頁　　定価(本体 2000円＋税)　　ISBN978-4-627-09192-4

初版から25年，医療系の大学・短大・専門学校などで長く使われてきた実績のあるテキストの改訂版．微分，積分をできる限り使わずに，統計学の「考え方」，「計算のしくみ」を丁寧に解説した．医療の現場でも十分に役に立つ，統計的思考が身につく一冊．

やさしい確率・情報・データマイニング 第2版

月本　洋・松本一教／共著

菊判　・　176頁　　定価(本体 2600円＋税)　　ISBN978-4-627-09562-5

大量のデータから価値ある知識を発掘しよう！　データマイニングの基礎の基礎である確率の初歩から学び，実際の株価や品質管理のデータなどを使ってデータ解析を行うので，データマイニングの面白さを実感できる．初めての方にぴったりの入門書．

例題で学ぶグラフ理論

安藤　清・土屋守正・松井泰子／共著

菊判　・　152頁　　定価(本体 2000円＋税)　　ISBN978-4-627-05281-9

初めてグラフ理論に触れる理工系の読者のためのテキスト．実問題でよく応用される各種の「アルゴリズム」に重点をおいて解説し，定理やアルゴリズムには必ず例題をつけることで，他書にはない分かりやすさを実現した．

現在の定価等は弊社Webサイトをご覧下さい．

http://www.morikita.co.jp